Knowledge BASE 系列

一冊通曉 真實搬演魔術奇幻的酷學問

圖解 化學

山本喜一・藤田勳 著　顏誠廷 譯

從「物質」與「變化」兩大要點
建構秩序的化學世界

文◎方泰山（國立台灣師範大學化學系退休教授）

化學是一門「序中求變」的物質科學

　　我們所身處的世界、或者說是自然界，是有其體系秩序的。人類歷經幾百年來的文明進展，如今已發展出許多門自然學科從各種不同的角度來解釋這個世界的秩序。簡單來說，像是數學利用純理論的抽象數字做為另一種解說世界的文字，物理學從能量的觀點切入來闡釋世界的現象原理。而化學，則是由世界組成的最根本角度──「物質」來著眼。

　　科學上物質的基本組成單位「原子」有許多種類，相同原子結合在一塊所形成的東西即為「元素」；而兩種以上的元素所組合而成的則是「化合物」，也就是化學在物質上的研究重點。現代化學的前身，其實是中古世紀時流行於歐洲的「煉金術」，術士們熱中於點石成金的研究，想要找出一種方法能將其他物質轉變成值錢的黃金，在這過程中有多種元素被發現，亦發展出了各種實驗手法，直到十八世紀近代化學之父拉瓦錫有系統地整理了前人龐雜的研究成果，並奠定許多如質量守恆定律等重要的基礎原理及觀念，才使得化學這個領域得以成形並發展為一門現代科學知識。

　　如今我們已知黃金是一種元素，不能由其他物質轉變而成；但原子之間的結合會形成各式各樣的純物質及化合物，產生出包羅萬象、形形色色的物質，而各種原子的排列組合所造就的豐富變化，就是化學的天下。

窮盡物質研究的化學由基本層面深深影響社會

　　「物質」（原子、元素、化合物）與「變化」（化學變化）可說是掌握化學的經與緯，可以從國中理化當中「碘的實驗」來一窺究竟。碘在常溫下呈現紫黑色的固體，經加溫後會直接揮發、「昇華」成氣體，溫度下降後又會再度由氣體直接「凝華」成固體。固體變成氣體的昇華概念對於一般人可能比較

不陌生，像是室溫下升起冉冉白煙的乾冰即為固態的二氧化碳，而凝華感覺上就像是化學版的隔空抓藥。像這樣的變化萬千，可說是學習化學最大的樂趣之一。

化學在各種領域當中，扮演著重要「墊腳石」的地位，應用化學研究成果於生活當中的例子隨處可見，像是演唱會時拿在手上揮舞的螢光棒，只要將棒子輕輕彎折，立刻就能發出美麗的冷光。螢光棒其實為當中藏有一玻璃管的雙層構造，玻璃管內外各裝著不同的化學溶液，當彎折棒子將玻璃管弄破，兩種液體混合在一起產生化學變化便能發出光芒，在夜色當中綻放著五彩繽紛。

一八九八年，著名的居禮夫人與丈夫注意到瀝青鈾礦中存在著新的成分，並在之後發現具有放射性的新元素「釙」和「鐳」，後來居禮夫人於一九一一年因成功分離出純的鐳元素，而獲頒諾貝爾化學獎。鐳的發現與放射性的研究，不僅在學術上推動了放射化學領域的發展，如今更被廣泛應用於醫學上，在癌症治療或者放射追蹤方面有極重要的貢獻。此外，大大改寫紡織品歷史的「尼龍絲」的發明，也可說是化學從蠶絲獲得靈感、向自然界學習的成果，在經濟及生活型態上深刻地影響了人類社會。

＊　　　　＊　　　　＊　　　　＊

本書的兩位作者為日本資深的高中化學教師，透過他們的教學經驗將化學生動、有趣、甚至於神奇魔術化的現象，以大量的圖解顛覆傳統嚴謹、制式公式化的複雜數理語言。翻開中學的教科書，多是由「無機」與「有機」的物種、「分析」與「物理」操作的架構來介紹化學領域；而本書則跳脫一般的綱領，重新建構有序的化學脈絡，並由實際看得見、摸得著的「現象」著眼，用一種通俗化的切入角度來介紹化學，使讀者更能從中體認化學變化多彩多姿的奧祕。

方泰山

從具體主題輕鬆掌握
化學的本質和理論

　　撰寫這本書的目的，是希望讀者在閱讀後學到化學的知識和理論。市面上有許多寫給初學者或想再次複習化學者的書，但多半和教科書、參考書一樣從理論著手，或只是收集零碎的有趣主題。以理論為主的書不容易親近，因為幾乎看不到切身相關或者高科技等具體內容；而零散收集與日常相關小知識的書雖然有趣，但卻學不到化學的理論與思維。

　　為此，本書除了盡量探討較為具體的主題外，也希望讓讀者閱讀本書的同時能更了解化學的本質。例如序章裡選取了爆米花、鯨魚潛水、非晶態、製作啤酒、汗水這五個主題，讀過後就可以了解固體、液體、氣體分子是什麼，以及熱如何進出、超臨界流體和地球與水的關係等。序章到第五章都是以這種形式介紹化學本質，第六章和第七章則針對個別主題來說明。

　　忙碌的上班族或許沒時間依序看起，因此本書盡量利用詳細解說及有助透過視覺理解的圖解，讓讀者即使信手翻閱也能了解書中內容。本書另一特色是，收錄的主題比以往的化學書籍來得廣泛。化學是了解物質構造與機制的學科，凡有物質處就有化學。除了製造如電腦等資訊設備的材料以及機能性化學外，日常的健康問題、地球的存續甚至古墳繪畫，都可以透過化學觀點來審視。

　　由此可知，在思考現代的各種議題時必須跨越科際間的界限，特別是與化學息息相關的環境問題，若不將物理、地球科學、生物及政治經濟等一併納入考量，便無法提出妥善對策。以過去「化學的範圍是從這邊到那邊」的態度無法解決的問題日後還會愈來愈多，本書也意識到了這一點。

　　本書兩位作者長年都在高中教授化學，上課中時常從課本延伸至其他相關化學知識，而這些額外補充往往能引發學生對化學的興趣，並有助於了解身旁的事物，而本書就是把那些化學知識整理出來的入門書。希望這本書能將化學的樂趣傳達給各位，並有助於對日常事物有更深一層的了解。

山田喜一

藤田勳

目次 CONTENTS

序章　窺視化學世界

第1章　什麼是原子？

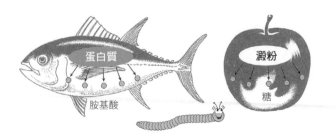

窺視
化學世界

1 為什麼爆米花會爆開？

水蒸氣爆炸

在主體樂園或電影院時大家都喜歡吃爆米花。爆米花所使用的是名為爆裂種的玉米，和我們平常煮或烤來吃的甜玉米不同。

把爆裂玉米用水泡軟再從中間剖開之後，就會看到和右頁上圖一樣的剖面圖。堅硬的表皮下是硬質澱粉，中間的部分則是由軟質澱粉與胚所構成，其中的胚就是將來會長成植物的部分。從這個觀察也可以充分了解到，澱粉就是讓胚芽長出根與葉、到形成一株完整的植物所需養分的供給來源。

而包括人類在內的所有動物，因為自己無法製造澱粉，因此必須從植物中攝取澱粉以維持生命。

將玉米加熱後，玉米內含的水分溫度會上升。任何物質只要溫度上升，分子的運動就會變得活潑，因此玉米中的水分子也會隨之變得更加活潑，進而與澱粉產生激烈的碰撞。當物體表面受到分子撞擊時會產生壓力，因此水分子與澱粉的碰撞會使得玉米因內部壓力增加而略為膨脹。如果持續加熱，玉米內部的壓力也會愈來愈高，不過由於玉米的皮和硬質澱粉十分地堅硬，因此本身自可承受一定程度的壓力。這樣的情況下玉米內部的壓力將超過一大氣壓。

水在一大氣壓下的沸騰溫度是100℃，不過由於玉米內部可承受的壓力大於一大氣壓，因此即使溫度超過100℃，玉米中仍然含有液態水。當玉米最後無法承受壓力時，就會從耐壓性最差的頭頂部破裂，這個瞬間由於壓力突然釋放而下降，高溫的水會瞬間沸騰而變成水蒸氣。水在液態時分子會緊密地靠在一起，但是變成氣體後則會分散開來（參見14頁），使得體積急速地膨脹成一千七百倍，造成澱粉如爆炸般地膨脹開來。這種因為水變成水蒸氣而造成的爆炸就叫「水蒸氣爆炸」。

在滾燙的炸油中加入水時也會產生這種現象，而火山爆發也會。例如發生在日本盤梯山的水蒸氣爆炸，就曾經把北半邊的山整個炸飛。

爆米花所使用的爆裂種玉米

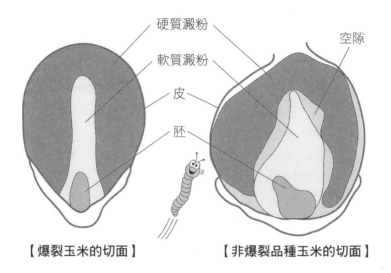

硬質澱粉

軟質澱粉

皮

胚

空隙

【爆裂玉米的切面】　【非爆裂品種玉米的切面】

水變成水蒸氣後，體積會急速地膨脹

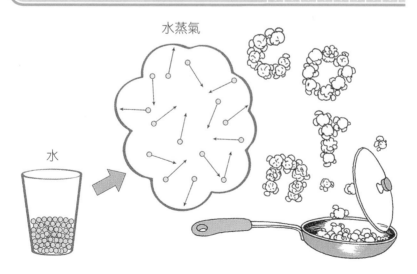

水蒸氣

水

2 鯨魚能高速潛水的祕密
固體與液體的交互作用

　　當水變成冰的時候體積會膨脹，那蠟燭的蠟呢？以前人們會把用剩的小蠟燭收集起來、一同熔化，再倒入竹筒裡凝固成大的蠟燭繼續使用。用這種方式做出來的蠟燭頭部會凹進去，也就是說，蠟在變成固體時體積會縮小。

　　之所以如此，是由於液體的蠟比固體的蠟溫度高，分子運動較為活潑的緣故。當分子彼此撞擊時，交互彈開來的分子間會產生空隙。分子的運動愈激烈，分子之間的空隙自然就愈大，所以液體蠟的體積會比固體蠟大。至於水的情形則較為特殊，水在分子運動微弱的固體狀態下會形成立體的六角形排列，使得分子間的空隙反而變大而造成體積增加。

　　抹香鯨能高速潛水就是巧妙地利用了液體蠟與固體蠟之間的密度差異。抹香鯨擁有一個異常巨大的方型頭部，其體積就占了身體的三分之一。愛吃深海烏賊的抹香鯨非常擅於潛水，只需要不到十五分鐘的時間就能潛到一千公尺的海面下，有時候甚至可以一口氣潛到三千公尺的深海中。

　　抹香鯨的頭部充滿了一種稱為鯨腦油的蠟狀物質，其體積占了頭部的四分之一，重量大約是體重的十分之一。抹香鯨的腦油很像豬油，會在28℃左右凝固，33℃左右融化。當牠潛水時，從鼻孔進入的海水會把液態的腦油冷卻凝固，使其體積變小密度變大。這麼一來頭就會像重鎚一樣可以一口氣沉到海中。相反地，當要往上浮起的時候則是將海水排出，讓充血的腦血管將腦油融化，使得腦油的密度變小，讓變得像浮袋般的頭部可以迅速地浮起來。

　　這種充滿蠟的巨大頭部平時並不適合游泳，但是在高速潛水和浮水時，腦油卻可以用來調節浮力而發揮卓越的功用。這就是抹香鯨為了在深海中覓食，必須快速地潛水與浮水所演化而成的最佳姿態。

抹香鯨在潛水和浮水時的腦油變化

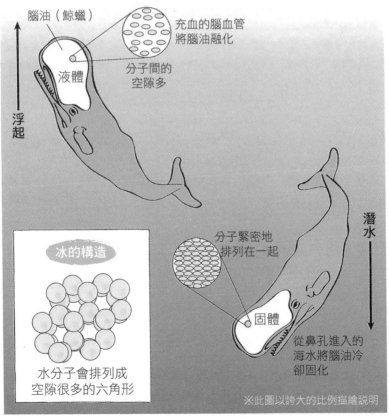

腦油（鯨蠟）

充血的腦血管
將腦油融化

液體

分子間的
空隙多

浮起

潛水

冰的構造

水分子會排列成
空隙很多的六角形

分子緊密地
排列在一起

固體

從鼻孔進入的
海水將腦油冷
卻固化

※此圖以誇大的比例描繪説明

3 什麼是非晶態？
固體、液體、氣體

　　前面討論了與水蒸氣爆炸和蠟有關的主題，了解到物質是氣體、液體或還是固體的差別是很重要的。如果再從原子或分子的角度來看，就可以更加了解物質的本質。原子或分子的尺寸大約是1奈米（相當於10^{-9} m），接下來就以奈米的尺度看看氣體、液體和固體分別是什麼樣子。

　　氣體的密度遠小於液體或固體，也就是說在同樣的體積下，氣體的重量非常地輕。這是因為原子或分子在液態或固態時會緊密地排在一起，而在氣態之下卻會分散開來，而且原子或分子之間可以說是什麼也沒有的「真空」狀態。

　　不過氣體中的分子並不是一個個輕飄飄地分散在真空中，而是以非常快的速度飛來飛去。氣體分子在常溫下（25℃）的速度大約是每秒1,000公尺。當然，分子並不是直線前進的，當分子和附近的分子碰撞後就會改變前進的方向，直到和下一個分子碰撞為止（其碰撞頻率高達每秒100億次），看起來就像是以「之」字形的方式在運動。

　　氣體分子之間的碰撞屬於「完全彈性碰撞」，並不會因為碰撞而損失能量。通常球在碰到牆壁時，會因為摩擦生熱以及產生聲音而損失能量，所以反彈回來的球速會變慢。但是分子的碰撞並不會產生摩擦熱與聲音，也就是說分子可以在不產生聲音的情形下，以每秒1,000公尺的高速互相碰撞飛行。

　　而液體則是和固體不同，可以任意地改變形狀，因為其原子和分子可以自由地移動到其他位置；而固體中的原子與分子則因為彼此之間有非常大的引力，所以只能在原地振動，無法任意地互相變換位置。

　　當組成固體的原子或分子形成整齊的排列時就稱為結晶。反之，當原子或分子成不規則的排列，但因彼此間的黏性很強而無法任意移動時，就稱為非晶態。太陽能電池板所使用的非晶矽，就是矽原子與

一些氫原子結合而形成的非晶態。另外，冰糖是由砂糖水經長時間慢慢地形成的，是砂糖分子排列而成的結晶；而玳瑁糖則是讓濃砂糖水快速冷卻凝固所形成，為非晶態。

物質的狀態－氣體、固體（結晶）

氣體

固體（結晶）

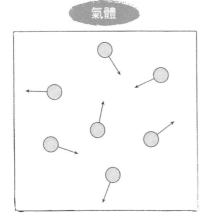

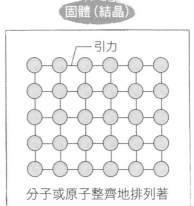

分子或原子整齊地排列著

物質的狀態－液體、非晶態

液體

非晶態

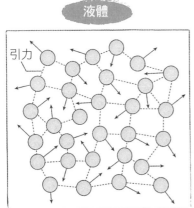

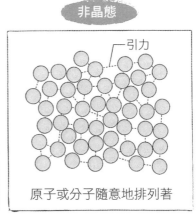

原子或分子隨意地排列著

4 應用了超臨界流體的啤酒釀造技術

超臨界流體既非氣體也非液體

　　在炎熱夏日裡，下班後喝杯啤酒來消暑感覺特別地神清氣爽。啤酒中特殊的苦味來自於啤酒花，這是一種多年生蔓草，在六、七月時會開出像松果一樣的花，其中含有一種稱為異葎草酮的多酚類物質，為啤酒中清爽苦味的來源。

　　在過去會使用一種稱為乙醚的有機溶劑來萃取啤酒花中的異葎草酮。不過由於乙醚是具有麻醉效果的有害化合物，在啤酒中不能容許任何微量的殘留，因此現在都是用二氧化碳的超臨界流體來萃取啤酒花。

　　二氧化碳在常溫（25℃）常壓（一大氣壓）下是氣體，但是當溫度低於－78.5℃時就會形成固態的乾冰。這種由氣體直接轉變成固體的現象稱為凝華（反之，固體直接變成氣體的現象則稱為昇華）。

　　但也不是說二氧化碳就不會變成液體。如果讓乾冰在大於5.1大氣壓的壓力下同時升溫，就可以得到液態的二氧化碳。

　　如果再進一步讓二氧化碳處於72.8大氣壓、31℃以上的環境時，氣體和液體的界限就會消失，形成一種稱為超臨界流體的狀態。而水在218.3大氣壓、374.2℃以上時也會變成超臨界流體。這種狀態既不是氣體也不是液體，原子或分子會以原子團或分子團的形式像氣體一樣地運動。

　　超臨界流體由於兼具氣體與液體兩者的性質，因此能夠將固體或液體溶解掉（氣體則缺乏這種溶解力），在萃取啤酒花時就是利用超臨界流體的溶解能力。除此之外，二氧化碳的超臨界流體也被用來去除咖啡中的咖啡因，以製作無咖啡因咖啡。甚至有人對於乾洗技術提出一項計畫，要利用二氧化碳的超臨界流體取代有害的石油系溶劑來去除髒污。

　　除此之外，由於在超臨界流體中物質很容易混合，分子又會像在氣

態下一樣進行激烈地運動，因此可能比在液體中更容易進行化學反應。所以科學家也利用此特點著手進行各種研究，例如在超臨界流體中分解氟氯碳化物、戴奧辛和塑膠，以及從木材中製造出葡萄糖等等。

如果啤酒肚裡的脂肪也能用超臨界流體溶解出來那就更好了。

二氧化碳的三相圖與超臨界流體

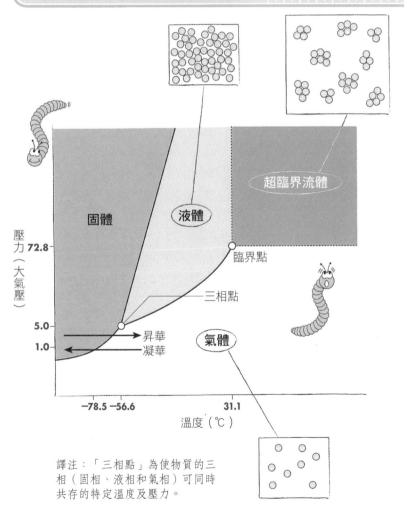

譯注：「三相點」為使物質的三相（固相、液相和氣相）可同時共存的特定溫度及壓力。

5 流汗的原理和地球的熱循環一樣

蒸發熱

　　人體在天氣炎熱時就會流汗，成人只要在炎熱的天氣下步行十分鐘，就會流掉100ml的汗，而這些汗水可以幫助體重79公斤的人降低1℃的體溫。但是，皮膚表面的汗水蒸發就能讓身體降溫，這究竟是什麼樣的原理呢？

　　想像一下水中擠滿了水分子的樣子。這些水分子不但緊挨在一起，而且還滑溜溜地移動著。水分子之所以能緊靠在一起，靠的是分子間的引力。但並不是所有的水分子都以同樣的速度在運動，分子運動的速度有快有慢，不盡相同，所以有些水分子會被甩開而飛散到空氣中，這種現象就叫做蒸發。

　　水分子在蒸發時必須把分子間的引力切斷，所以要從四周吸取熱量做為切斷引力時所需的能量，這就是為什麼汗水在蒸發時會從身體帶走熱量的原因。汗水吸收了身體的熱量，變成水蒸氣散發到空氣中，就可以有效地降低體溫。如果缺少了汗水，皮膚上的熱就只能依賴與皮膚接觸的空氣帶走。但是和汗水相比，空氣中的水分子數量少，傳送熱量的效率不佳，所以不容易流汗的人才會因為熱量無法排出而經常臉色泛紅。

　　除此之外，地表上的熱也可以藉由水排放至宇宙中。地表的熱會讓水變成水蒸氣而上升到高空，由於大氣的溫度會隨著高度上升而下降，因此水蒸氣裡的水分子最後會再度結合成液態的水而變成雲。通常原子或分子在結合時會釋放出熱量，所以水蒸氣變成雲的時候也會放出熱量，而這些熱量就會被排放至宇宙中。水蒸氣凝結而成的雲會變成雨落到地表上，然後再次吸收熱量而蒸發。這種循環可以幫助地表降溫。

　　金星由於比地球更靠近太陽，水蒸氣會因為強烈的紫外線被分解成氫氣和氧氣，而成為沒有水的行星。月球則是因為引力太小不足以

留住水蒸氣，而讓水分逸散到宇宙中。所以，沒有水的月球其日照面溫度甚至可達到100℃。相對地，地球由於與太陽的距離適中，才能奇蹟似地成為一顆擁有豐富水資源的行星。

汗水讓身體降溫的機制

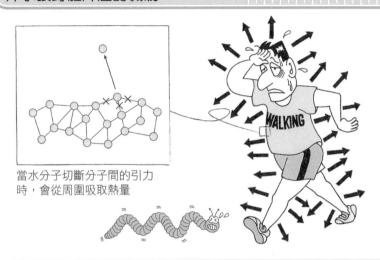

當水分子切斷分子間的引力時，會從周圍吸取熱量

地表因為蒸發熱而降溫

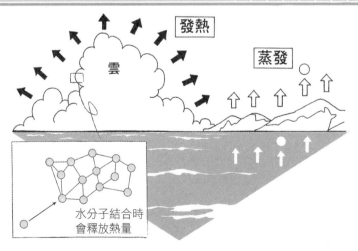

水分子結合時會釋放熱量

天然雪和人造雪的差異

雪可以反映高空的氣象

雪的結晶呈六角形，形狀個個有些許不同，而雪的故鄉則在雪雲最上方的雲頂。雲頂溫度降到－20℃也不足為奇，但那裡富含的並非冰，而是直徑約0.01mm的水分子微粒（雲滴）。雲滴會經由大氣中的塵埃、海水的鹽粒、細砂等而凍結成微小的冰粒（冰晶），這是雪剛誕生時的樣貌。冰晶會吸收周圍水氣而變大並形成六角形雪花，此為少年時期。雪花比四周的雲滴重，因此會落下至雲滴層下方，繼續補充水氣形成大型雪花。

雪的形狀會隨形成時溫度與水蒸氣的狀況產生如下圖的變化，所以雪就像是報告高空氣象狀態的信件。此外，若大氣含有硫酸或硝酸等污染物，雪也會因酸化而形成四角形或T形等奇怪結晶，因此雪也可說是檢視大氣污染的一面明鏡。

至於滑雪場的雪，成分與形成機制都和天然雪不同。造雪機的噴嘴會把壓縮到五至十大氣壓的高壓水和壓縮空氣同時噴出，壓縮空氣會因在大氣中急速膨脹而冷卻，產生－40℃以下的冷空氣，將大氣中的水蒸氣瞬間凍結成約十微米的冰晶雲。有了這些人造鑽石冰塵當晶核，就能讓加壓水滴凍結成約0.1mm的冰粒。人造雪是水滴瞬間凍結所形成，因此呈圓形，不像天然雪為枝葉狀的冰晶。

雪結晶的形狀－溫度－飽和度的關係圖

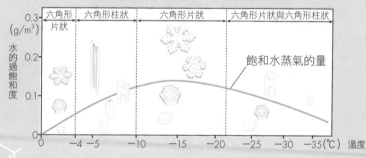

第**1**章

什麼是
原子？

1 稀有金屬不能人工製造嗎？

稀有金屬是元素

現今網路和行動電話相當普及，不只資訊的交換前所未有地快速，資訊的質或量也都產生了變化。

資訊時代的高科技產品中最重要的材料就是銦、鎢、釹等稀有金屬。銦用在液晶電視面板上，鎢用來製作汽車零件與精密機械加工用的超硬機具，而釹則用在行動電話的震動馬達上。這些金屬的蘊藏量稀少，生產國又集中於中國等少數國家，不但價格變動劇烈，產量也經常受到政治情勢所左右。

難道這些金屬不能利用其他的金屬來製造嗎？雖然不鏽鋼之類的合金能夠用鐵和鈷、鎳等金屬混合製作出來，但是稀有金屬是元素，而元素是構成物質最基礎的成分，所以無法以其他的金屬來製造，不同的元素間也無法互相轉換。

構成元素的是原子，而原子則是由質子、中子以及微小的電子所組成。質子和中子聚集在原子的中心形成原子核，電子則環繞在原子核的四周。隨著質子數量的不同，就會形成不同的原子。

舉例來說，質子數26的原子是鐵原子，鎢原子的質子數是74，而釹原子的質子數則是60。看起好像只要在鐵原子裡再加上48個質子就可以形成鎢原子，再加上34個質子就可以形成釹原子。紙上談兵的確是這樣，但事實上，無論是把鐵溶在鹽酸或硝酸中，或是把鐵和炸藥一起引爆，都改變不了鐵的質子數。讓質子和中子結合在一起的是非常強的作用力，因此光靠化學反應的能量並不足改變質子或中子的數量。即使現在我們擁有粒子加速器，可以把原子加速到高速進行撞擊以改變質子數，但仍舊無法量產出特定的原子。

也就是說，所謂的元素並無法利用其他的物質來製造。自然界中存在著包括氫、氧、硫在內等大約九十種元素，這些元素組成了各式各樣的物質。像是黃金、白金、銀和水銀等也都是元素，因此無法透

過把黃金漂白來得到白金，也無法把銀液化來得到水銀。

　　此外，每種原子所擁有的電子數會與質子數相同，而其中質子帶正電，電子則帶負電，因此原子為電中性。

不同元素間不能互相轉變

金　　不能變成　　白金

銀　　不能變成　　水銀

不同元素的原子擁有的質子數量不同

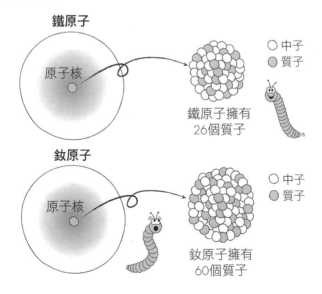

鐵原子

原子核

○ 中子
● 質子

鐵原子擁有
26個質子

釹原子

原子核

○ 中子
● 質子

釹原子擁有
60個質子

2 現代社會阻斷了氮循環

空氣是化學肥料的原料

　　我們的身體是由二十三種元素所構成，其中含量最多的元素是碳、氫、氧、氮，這四種元素就占了體重的96％；其次是構成骨骼和牙齒的鈣和磷，以及血液和體液中富含的鈉、鉀、氯等。在這些元素中，我們以氮為例，追蹤看看氮的去向。

　　組成元素的原子既不會在化學反應中變成其他元素的原子，也不會消失不見或是無中生有。氮原子也不例外，氮以氨或尿素等形式從我們的體內排出後，依然會存在於地球上的某處。而構成我們身體的氮原子也無法在體內製造，必須從地球某處的某種物質來攝取，人類主要是從魚、肉、蔬菜等食物中攝取氮。以豬肉為例，豬肉裡含有大量的蛋白質，而蛋白質裡則含有豐富的氮。那麼豬是從那邊攝取氮的呢？答案是從牠們吃的玉米等飼料裡。玉米則是從玉米田的土壤中吸收氮，然後人類再藉由肥料來補充田裡的氮。

　　在過去，氮肥的主要來源是人類的糞便和牛馬的堆廄肥，因此氮的循環是從人類到田裡，田裡到穀物和蔬菜、家畜，最後再回到人類。但是，現在的農家已經沒有牛或馬，人類的排泄物也直接從抽水馬桶排掉，不會再回到田裡。那農地裡的氮要靠什麼來供給呢？主要是化學肥料。

　　含氮化學肥料的原料是空氣。空氣中大約有80％是氮氣，將氮氣分離出來和氫氣混合、加熱到數百度並且在約200大氣壓下進行反應，可以製造出氨。這些氨就是肥料的來源（參見80頁）。

　　這樣的衛生肥料雖然增加了糧食的產量，但同時也造成了嚴重的環境問題。從抽水馬桶排放到河川或湖泊中的氮，會引發藻類的快速增殖而污染水質，破壞生態系統。下水道造成的污染也會在海中引起赤潮（譯注：海洋中某些浮游生物、原生動物或細菌不正常增生所造成的水質變色現象，會引起蝦貝類的大量死亡）等海洋災害。

過去的氮循環

現在的氮循環

3 什麼是放射線？

放射性同位素

　　放射線是臨床醫學上不可或缺的工具。但相反地，原子彈爆發或核電廠輻射外洩事故的發生所產生的放射線，也奪走了許多人的生命。

　　所謂的放射線只是一個統稱，實際上包括了許多不同的種類。其中 α（alpha）射線是氦的原子核（由2個中子與2個質子所組成），β（beta）射線是高速的電子，而 γ（gamma）射線與X光則是高能量的電磁波。電視臺所發送的電波或是太陽光雖然也都屬於電磁波的一種，但 γ 射線與X光的能量遠大於這些電磁波。此外，中子射線則是高速的中子束。

　　這些放射線都會傷害細胞核中的DNA。DNA是細胞分裂時的藍圖，DNA若受損，就可能會產生癌細胞，而若是曝露在大量的放射線下，還可能造成細胞無法正常地分裂。我們身體會不斷地製造出新細胞來取代老化的細胞，在皮膚或腸道黏膜等部位，這類新陳代謝更是非常旺盛。所以當細胞無法正常分裂時，身體就會因為無法製造出新的皮膚或黏膜，造成血液或體液從體表或消化道滲出，而無法維持生命。

　　放射線是由一種稱為「放射性同位素」的原子所放出。舉例來說，天然的鈾礦裡含有兩種原子：鈾235（含有92個質子與143個中子，235就是質子數與中子數的總和）和鈾238（含有92個質子與146個中子）。這種質子數相同，但中子數不同的原子就稱為同位素。當同位素中的質子數和中子數差異很大時，原子核會處於不穩定的狀態，很容易自行分裂而放出放射線，這就是所謂的放射性同位素。鈾235和鈾238都屬於放射性同位素，其中的鈾238會放出 α 射線，之後便衰變成釷234（質子數90，中子數144）。

　　核能發電廠的反應爐中每天都會產生這類的放射性同位素。放射性同位素放出放射線後，會變成不具放射性的原子（安定同位素），

但是這過程非常耗時。例如能夠用來製造原子彈的鈽239，其半數的原子衰變成其他原子所需的時間（半衰期）長達兩萬四千年。由此可知，核能發電廠所產生的放射性廢棄物需要很長的時間才能讓放射線衰減到安全的範圍。

目前有些計畫想把這些核廢料埋到地底下，但引發了不小的爭論。因為必須要有完善的管理，才能確保這些放射性物質在幾千或幾萬年間不會溶到地下水中，或者是被恐怖分子挖出來。

放射線的種類

α 射線	氦原子核
β 射線	高速的電子
γ 射線與X光	高能量的電磁波
中子射線	高速的中子束

放出放射線的機制

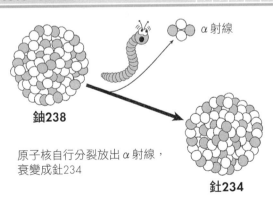

α 射線

鈾238

原子核自行分裂放出 α 射線，
衰變成釷234

釷234

4 人類得到的第二種「火」
核能燃料

　　據說人類和其他動物最大的區別是動物怕火而人類不怕火。人類在二十世紀又取得了可以稱之為第二種「火」的核能。核能是以鈾等元素來當做「燃料」，但這些「燃料」並不會和氧產生反應而燃燒，而是藉由原子核的反應來取得能量。

　　用來當做「燃料」的天然鈾大部分是鈾238，再加上約3%的鈾235。其中較容易進行核分裂反應的是含量較少的鈾235，當鈾235受到中子撞擊時，其原子核會分裂而釋放出巨大的能量。

　　鈾235的原子核分裂時，會同時釋放出二到三個中子，這些中子和鄰近的鈾235撞擊後，又會再使其分裂並釋放出中子，原子彈就是利用這種連鎖反應來引爆。但是，當鈾235的含量很少時，一旦中子跑出了反應堆，就會使得連鎖反應中斷。維持連鎖反應所需的最小含量稱為臨界量，投到廣島和長崎的原子彈就是把鈾與鈽分別運送到上空之後，再使其合在一起以達到臨界量。

　　至於核能發電，則必須讓核分裂反應一直維持在非常緩慢的速度，所以燃料上使用的是鈾235與鈾238的混合物，此外還會使用可以吸收中子的控制棒來控制核分裂反應。相反地原子彈為了讓連鎖反應快速地進行，所以使用的是純度接近100%的濃縮鈾235。

　　不只是鈾，只要是同位素，其化學性質都非常地接近，因此只能藉由中子數不同所造成的微小差異來分離同位素（中子數多的同位數其質量較大）。由於鈾和氟會反應成六氟化鈾氣體，這樣一來就可以串連大量的高性能離心分離器來分離鈾235與鈾238，因此核武檢查團在調查可能從事核武開發的國家時，都會特別注意該國離心分離器的用途。

　　原子爐在運轉時，鈾238會吸收中子而生成鈽239。用完的核廢料會經過再處理將裡面的鈽分離出來，但即使是非常微量的鈽也會引發肺癌。此外，當鈽收集到將近一個壘球般大小的量時，就足以達到製

造原子彈的臨界量，因此國際原子能總署（IAEA）都會對各國的鈽流向進行監控。

臨界量與連鎖反應

少量的鈾無法維持連鎖反應

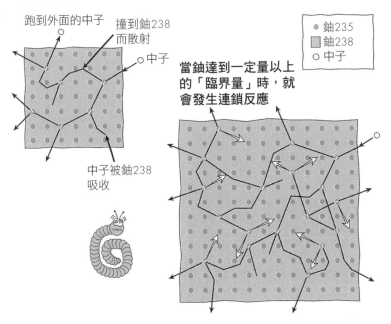

跑到外面的中子

撞到鈾238而散射

中子

中子被鈾238吸收

● 鈾235
■ 鈾238
○ 中子

當鈾達到一定量以上的「臨界量」時，就會發生連鎖反應

投在廣島的原子彈構造

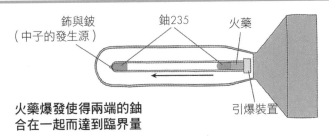

鈽與鈹（中子的發生源）

鈾235

火藥

引爆裝置

火藥爆發使得兩端的鈾合在一起而達到臨界量

5 煙火的顏色與電子的關係
電子軌域

　　日本的煙火技術號稱世界第一，不但可以產生漂亮的圓形、色彩鮮豔而多變，還有餘音不絕的爆裂聲。外國的煙火就沒辦法做到這種程度，多的是形狀不好看，或是色彩缺乏變化的煙火。其間最大差異在於煙火中（火）藥球的製作方法，國外的藥球是以機器製造的，而日本的藥球則是由煙火工匠以手工製作的。

　　藥球是以植物的種子為芯，再塗裹上氧化劑與木炭等助燃劑、發色劑以及糯米糊所製成的。每次的塗層大約○‧五到一公釐厚，乾燥後再重覆同樣的步驟直到藥球夠大為止。製作好的藥球會整齊地排列在煙火彈的外殼，然後再加上炸裂藥與導火索完成煙火的製作。點燃導火索將煙火打上天空後，炸裂藥會爆炸點燃周圍的藥球，然後就可以看到點點火星隨著豪邁的爆裂聲飛出，一面燃燒一面發出各種顏色。

　　煙火的顏色是由電子所產生的。原子的中心是原子核，周圍圍繞著許多電子，這些電子並不是亂轉一通，而是沿著從最內層起依序稱為K、L、M……等的電子層（軌域）轉。當許多原子組成了分子時，電子也會形成所謂的分子軌域。藥球燃燒時，電子會因為熱能而躍遷到外層的軌域。而當這些受到激發的電子回到原本的軌域時，多餘的能量就會以電磁波的形式放出。

　　電磁波有許多種類，依能量從小到大可分成無線電波、紅外線、可見光、紫外線、X光、γ射線等。其中，人的肉眼可以看見的只有形成七色彩虹的可見光。紅外線與紫外線的名稱中雖然有「紅」或「紫」，但事實上肉眼都看不見。

　　許多元素或化合物中的電子放出的都是不可見的電磁波，只有部分可以放出可見光，而煙火中所使用的就是這些化合物。例如紅色系使用的是含有鍶、藍色系使用的是含有銅、綠色系用的是含有鋇、黃色系用的是含有鈉等元素的金屬鹽類化合物。

煙火彈與藥球的截面

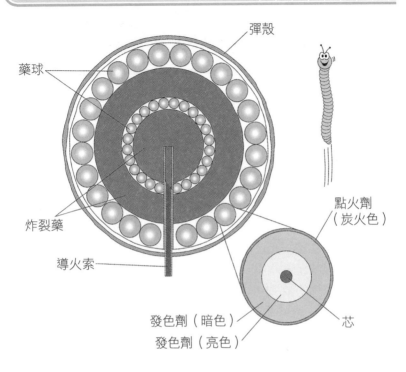

彈殼

藥球

點火劑
（炭火色）

炸裂藥

導火索

發色劑（暗色）
發色劑（亮色）

芯

煙火的光是電子造成的

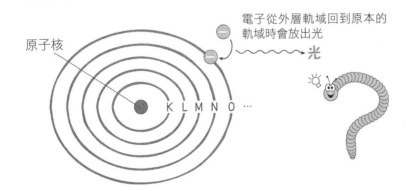

原子核

電子從外層軌域回到原本的
軌域時會放出光

光

K L M N O …

6 電子軌域是什麼形狀？
波耳模型和電子雲

　　前面提過，電子軌域包括了K、L、M等層，依圖解所示，電子就像是太陽系一樣沿著固定的軌道繞著原子核轉。那麼，實際上的原子構造到底是什麼模樣呢？

　　理論上，如果讓帶負電的電子像三十一頁那樣繞著帶正電的原子核轉的話，電子最後應該會釋放出能量並和原子核結合起來，但事實並非如此。因此，物理學家波耳（譯注：一八八五～一九六二年，丹麥物理學家，他引入量子化概念，提出波耳模型來解釋氫原子光譜，並因此而獲得一九二二年諾貝爾物理學獎）就假設了「電子只能吸收某些特定且不連續的能量」，並且將這個概念表示成電子以圓形軌道繞著原子核轉的樣子。但是波耳的這個模型同樣也不正確。

　　像電子那樣的微小粒子，其位置和動量是無法同時正確求得的，這就是所謂的「測不準原理」。也就是說，如果知道電子所在的位置，就無法同時知道其運動方向和速度；反之，如果知道他的運動方向和速度的話，同樣無法得知其所在的確切位置。另外電子除了具有粒子的特性，也同時具有波動的特性。

　　這方面的詳細說明可以參考物理學的書，不過這裡還是可以藉由右頁圖解來看看電子軌域是什麼模樣。所謂的軌域，並非意指電子只在圖中所畫的立體表面上來回轉著，而是立體表面的內側或外側也都有電子存在。在這些位置上，電子存在的機率都是相同的。

　　由此可知，電子並不是像小鋼珠一樣的堅硬粒子，而是可以想像成如「雲」一樣地繞著原子核轉。只是在說明原子的鍵結時，使用波耳的模型還是比較簡單易懂些，因此本書在後面還是會繼續使用波耳的原子模型。

　　雖然剛剛說波耳的原子模型是錯的，但他所提出「電子只能吸收某些特定且不連續的能量」的概念是正確的。

　　讓我們再回頭看看前面提過的煙火。據說「江戶時代時的煙火只能發出像線香煙火一樣的紅色」。和紅光相較，由於藍光和綠光具有較高的能量，因此必須加熱到更高的溫度才能將電子激發到能量高的軌域上，如此一來當電子回到原本的軌域時才有足夠的能量發出藍、綠光。

　　但是江戶時代的藥球裡用來幫助木炭等燃燒的氧化劑，能夠使用的只有硝酸鉀。硝酸鉀的氧化力有限，最多只能使溫度升高到1,700℃，因此發出的光都是紅色系的。

　　明治以後，開始使用氯酸鉀以及近幾年曾在日本造成爆炸事故的過氯酸鉀等強氧化劑。這些氧化劑的助燃力強，可以達到2,500℃以上的高溫，所以才能得到美麗的藍光和綠光。

電子是包圍著原子核的「雲」？

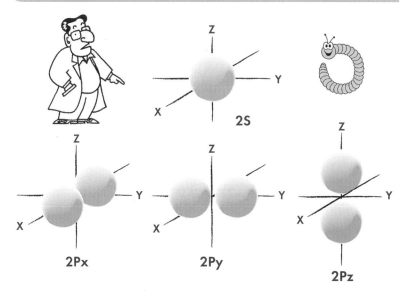

電子軌域的M層就包括了2S、2Px、2Py、2Pz等軌域，每個軌域中可以各放進兩個電子。

7 什麼是「莫耳」
原子和分子的質量

　　講到化學就少不了莫耳數的計算，很多人大概就是因為這樣才開始討厭化學的。但是，只要知道所謂的「莫耳（mol）」其實就是「原子或分子的集合」的話，事實上並沒有那麼困難。簡單來說，1 mol就是$6×10^{23}$個原子或分子的集合。當原子的數量達到這個值時，其質量就正好等於原子量；分子的情形也一樣，達到$6×10^{23}$的量時，質量正好等於分子量。原子量和分子量都是以克（g）為單位。

　　舉例來說，氫H的原子量是1，氧O的原子量是16，所以1 mol氫原子的質量就是1 g，1 mol氧原子的質量就是16 g。水的分子式是H_2O，其分子量為18（氫H的原子量×2＋氧O的原子量），因此1 mol水分子的質量就是18 g。

　　當原子的數目相同時，質量卻會不同，那是因為每種原子的質量都不同的緣故。氫原子是由1個質子與1個電子所構成，而氧原子則是由8個質子、8個中子與8個電子所構成。中子的質量與質子相近，而電子的質量只有質子的1／1840，因此可以忽略。如果將質子的質量當做1的話，氫原子的質量就會是1，而氧原子的質量就會是16。

　　那麼，$6×10^{23}$這個數目到底有多大呢？假設有個機器每秒可以數10個原子，讓我們來看看$6×10^{23}$個原子要數上多久。

　　首先，1天下來可以數的數量是：

10個×60秒×60分×24小時＝864,000個

1年數下來是：

864,000個×365天＝315,360,000≒$3.2×10^8$個

也就是說一共要花上的時間為：

（$6×10^{23}$）÷（$3.2×10^8$）＝$1.9×10^{15}$年

　　竟然要花上一千九百兆年才數得完。宇宙是從一百三十七億年以前的宇宙大爆炸誕生的，這個時間是宇宙年齡的十萬倍以上。

　　測量原子數量的方法很多，以特定波長的X光來照射鑽石就是一

種很精確的方法。鑽石是由碳原子整齊排列而成的結晶，以X光照射時可以得到所謂的繞射圖形，藉由繞射圖形就可以計算出1個碳原子的大小，接著再測量鑽石的體積，就可以利用「鑽石的體積÷1個碳原子的體積」來算出組成鑽石的碳原子個數。如果再進一步測量鑽石的質量的話，就可以推算出1個碳原子的質量。

一莫耳氫原子和氧原子的質量與構造

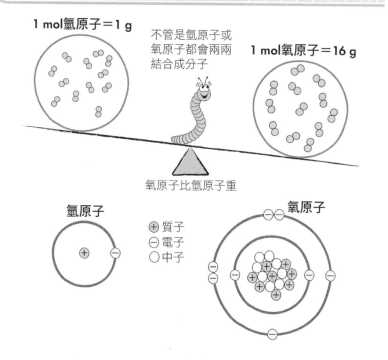

1 mol氫原子＝1 g

不管是氫原子或氧原子都會兩兩結合成分子

1 mol氧原子＝16 g

氧原子比氫原子重

氫原子

⊕ 質子
⊖ 電子
○ 中子

氧原子

6×10^{23}有多少？

$6 \times 10^{23} = 600,000,000,000,000,000,000,000$這麼多個

8 氫和氦的不同造成了飛行船的悲劇

氫與氦

第一次世界大戰結束後不久，一九二九年出現了第一次商業化的環遊世界之旅，使用的交通工具是德國齊柏林公司所開發出來的飛船。當時齊柏林號從紐約出發，經過日本的霞浦湖環繞世界一周後回到紐約，整段旅程耗時約三週，實際的飛行時間有十二天半。飛船裡共搭載了六十三名船員和乘客，以一○○公里的時速和略高於東京鐵塔的五○○公尺高度，從東京鐵塔旁飛過，從飛行船的船艙裡看到的應該是非常棒的景色。

在這次壯舉後，齊柏林公司又打造出更大的飛船，結果卻發生了悲劇。一九三七年五月，興登堡號完成其第十七次歐洲與北美間的飛行正要降落在紐約的停機坪時，卻發生了爆炸。這次的事故造成了九十七名船員和乘客三十五人死亡，慘況被電台實況轉播到全美國，也因此而結束了飛行船的時代。

引發事故的原因之一是覆蓋船體的棉布。為了防止紫外線造成棉布的劣化、以及氫氣袋會因為太陽的照射而膨脹，這些棉布都塗滿了由氧化鐵與鋁粉混合而成的塗料。然而這種塗料極為易燃，降落時的惡劣天候讓帶有靜電的飛船產生火花，而點燃了塗料。事故另一個原因是氫氣。棉布上的火苗引燃了氫氣，讓船體在一瞬間燃燒起來。如果當時氣袋裡裝填的是氦氣，大概就不至於造成如此慘烈的後果。但是，當時唯一能生產氦氣的美國禁止這項物資輸出到納粹德國。

氦是質量只比氫略大的不可燃氣體，兩者原子構造的差異在於氫原子的K層中只有1個電子，而氦原子的K層中有2個電子。K層內有兩個電子時，在化學上非常穩定，因此氦不會產生化學反應，自然也就不會爆炸。由此可知，原子只要結構上有些微差異，反應性就會完全不同。現在的汽球所使用的氣體當然全都是氦氣。

其他幾乎完全不會發生化學反應的元素還有氖、氬、氪、氙、氡，

這些元素在常溫下都是氣體。其中，大氣中大約含有1％的氬，其他種氣體的含量則非常稀少，因此他們也被稱為稀有氣體或貴重氣體。

　　稀有氣體的電子組態如下圖所示，在最外層（最外側的軌域）都擁有8個電子（氦擁有2個），這種構造就叫做封閉殼層（譯注：或八偶體）。原子在這種狀態下時非常地穩定，因此稀有氣體幾乎不會發生化學反應。而稀有氣體以外的原子，則是會藉由電子的交換或共用等化學反應來形成與稀有氣體同樣的電子組態。稀有氣體的電子組態對其他的原子來說，是最理想的狀態。

飛行船的大小

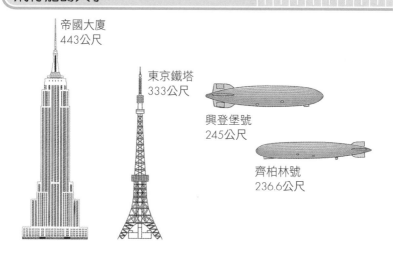

帝國大廈
443公尺

東京鐵塔
333公尺

興登堡號
245公尺

齊柏林號
236.6公尺

稀有氣體的電子組態

原子 \ 電子層	K	L	M	N	O	P
氦	2					
氖	2	8				
氬	2	8	8			
氪	2	8	18	8		
氙	2	8	18	18	8	
氡	2	8	18	32	18	8

9 為什麼鈉一碰到水就會爆炸？

藉由元素週期表就可以知道原因

　　一九九五年，日本的高速增殖爐「文殊」發生了鈉外洩事故。高速增殖爐是一種以鈾和鈽為燃料的核子反應爐，這種原子爐的特色是產出的能量愈多，鈽的量也愈來愈多。也就說，是種耗用的能量愈多，燃料也愈變愈多的夢幻核子反應爐。

　　至於「文殊」所外洩的鈉是種什麼樣的物質呢？食鹽的化學組成是氯化鈉，可能有人會因而以為鈉也是白色的塊狀物體。但其實鈉是擁有銀色光澤的柔軟金屬，當接觸到水時就會引發爆炸，而且一旦加熱到高溫，就會在空氣中自燃，是相當危險的物質。

　　那次的事故起於加熱到數百度液化之後的鈉從「文殊」的管線中外洩，在空氣中自燃後溫度變得更高，並且積著在鋼鐵材質的地板上。雖然鐵板很幸運沒有全部融掉，但是持續外洩的鈉還是把鐵板融出洞來，使得鈉因為碰觸到下方的水泥（其中含有水分）而引發大爆炸。

　　鈉之所以會這麼危險，原因就來自於其最外層的電子組態。當原子最外層擁有8個電子時是最穩定的，不容易發生化學反應。然而鈉最外層的電子只有一個，因此很容易藉由化學反應把這個電子丟給其他原子。少了這個電子以後，擁有8個電子的L層就成了最外層的電子層，而形成穩定的狀態。鈉在空氣中自燃或是和水發生反應，都是為了把最外層的電子丟掉所引發。

　　和鈉一樣在最外層擁有一個電子的元素還有鉀和鋰等，這些元素被統稱為鹼金屬，和鈉一樣具有非常強的活性，化學中使用的元素週期表把這些鹼性金屬元素都放在最左側的縱列。週期表會把性質相似的元素排列在一起。

鈉原子的電子組態與其性質

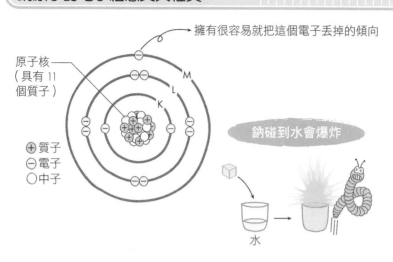

擁有很容易就把這個電子丟掉的傾向

原子核
（具有 11
個質子）

M
L
K

⊕ 質子
⊖ 電子
○ 中子

鈉碰到水會爆炸

水

元素週期表與鈉所在的位置

1																		18
1 H氫	2											13	14	15	16	17	2 He氦
3 Li鋰	4 Be鈹											5 B硼	6 C碳	7 N氮	8 O氧	9 F氟	10 Ne氖
11 Na鈉	12 Mg鎂	3	4	5	6	7	8	9	10	11	12	13 Al鋁	14 Si矽	15 P磷	16 S硫	17 Cl氯	18 Ar氬
19 K鉀	20 Ca鈣	21 Sc鈧	22 Ti鈦	23 V釩	24 Cr鉻	25 Mn錳	26 Fe鐵	27 Co鈷	28 Ni鎳	29 Cu銅	30 Zn鋅	31 Ga鎵	32 Ge鍺	33 As砷	34 Se硒	35 Br溴	36 Kr氪
37 Rb銣	38 Sr鍶	39 Y釔	40 Zr鋯	41 Nb鈮	42 Mo鉬	43 Tc鎝	44 Ru釕	45 Rh銠	46 Pd鈀	47 Ag銀	48 Cd鎘	49 In銦	50 Sn錫	51 Sb銻	52 Te碲	53 I碘	54 Xe氙
55 Cs銫	56 Ba鋇	*1	72 Hf鉿	73 Ta鉭	74 W鎢	75 Re錸	76 Os鋨	77 Ir銥	78 Pt鉑	79 Au金	80 Hg汞	81 Tl鉈	82 Pb鉛	83 Bi鉍	84 Po釙	85 At砈	86 Rn氡
87 Fr鍅	88 Ra鐳	*2	104 Rf鑪	105 Db𨧀	106 Sg𨭎	107 Bh𨨏	108 Hs𨭆	109 Mt䥑	110 Ds鐽	111 Rg錀							

*1 鑭系元素	57 La鑭	58 Ce鈰	59 Pr鐠	60 Nd釹	61 Pm鉕	62 Sm釤	63 Eu銪	64 Gd釓	65 Tb鋱	66 Dy鏑	67 Ho鈥	68 Er鉺	69 Tm銩	70 Yb鐿	71 Lu鑥
*2 錒系元素	89 Ac錒	90 Th釷	91 Pa鏷	92 U鈾	93 Np錼	94 Pu鈽	95 Am鋂	96 Cm鋦	97 Bk鉳	98 Cf鉲	99 Es鑀	100 Fm鐨	101 Md鍆	102 No鍩	103 Lr鐒

火藥裡不可或缺的硝石替代品

有機化合物與細菌

日本傳統線香煙火裡使用的是黑色火藥，成分包括木炭、硫磺與硝石（硝酸鉀）。火槍所使用的也是黑色火藥。一五四三年葡萄牙商船漂流到種子島後將火繩槍傳入了日本，由於當時正值戰國時代，火繩槍很快就普及到全日本。問題是，當時的日本雖然可以自行製造火繩槍的槍身和子彈，但是卻無法取得製造火藥所需的硝石。當時的硝石必須與南蠻（譯注：室町末期到江戶時代的日本所稱的南蠻，泛指現在的越南、泰國及菲律賓等東南亞地區）交易才能取得，但由於鎖國令的頒布，使得人們必須想盡辦法來自製。

江戶時代時，人們會從古老農家的廚房、廁所或馬廄附近地板下的土石來回收硝石。這些地方之所以會有硝石，是因為食物的殘渣或糞尿中含有許多蛋白質與尿素等含氮量豐富的有機化合物。土中的腐敗細菌或黴菌會攝取這些有機化合物，將其中的氮轉換成氨之後吸收掉。不過，土壤中還有一種稱為硝化菌的細菌，會把這些氨搶走使其轉換成硝酸離子，也正好由於地板下無法生長植物，所以這些硝酸離子能夠剩餘下來，和土壤中的鉀離子形成硝石。不過由於硝化菌的生長速度很慢，因此回收一次硝石後，要等上二十至三十年才能再次回收。

再晚一些時候，日本發展出了自行生產硝石的技術。也就是位於富山縣與岐阜縣的五箇山、白川一帶的硝石培養法。為了加速微生物的代謝速度，人們在暖爐內側的地板下挖掘深兩公尺的洞，每年三次在其中添加野草、人尿、蠶糞等氮源，以鐵鍬翻動混合。然後每年一次把這些土壤掘起放置於板子上，與蠶糞等等混合後再放回原處。期間保持良好的通風以刺激硝化菌等微生物的活動，這樣一來埋入之後的第五年開始，就可以每年產出高純度的硝石。這種硝石叫加賀硝石，是當時加賀藩的重要財源。

第2章

什麼是分子和離子？

1 死海的水可以用來做豆腐？

海水中的鈉是離子狀態

　　阿拉伯半島西北邊的死海是海水長時間蒸發而成的湖泊。如果以為海水是鹹的，那麼死海的水一定也是鹹的話，嚐上一口就會發現他一點都不鹹，而是有強烈的苦味，就算在嘴巴裡沾上一小滴也很難忍著不吐出來。

　　為什麼死海的水會是苦的呢？其實，只要把海水煮乾就可以發現苦味的來源。當海水快煮乾時，食鹽的結晶會先沉澱出來，此時殘留的液體就是鹽滷，因為其中具有高濃度的氯化鎂而呈現苦味。這就是死海的成分。而鹽滷可以拿來當做豆腐的凝固劑，因此死海的水也可以用來做豆腐。

　　海水中含有鈉、鉀、鈣、氯等元素，這些元素都是以離子而非原子的狀態存在於海水中。

　　舉例來說，前面提過鈉原子喜歡把M層上的1個電子丟掉（參見38頁）。當鈉原子失去這個電子以後，其組成就變成11個質子與10個電子，而成為一個帶正電荷的粒子，這就是鈉離子Na^+。而氯原子從鈉原子得到1個M層的電子後，就變成擁有17個質子與18個電子，即為一個帶有負電荷的氯離子Cl^-。鎂離子或鈣離子會有兩個無法抵消的正電荷，所以會變成鎂離子Mg^{2+}與鈣離子Ca^{2+}（譯注：原子中的質子帶正電，電子帶負電，而原子中的質子數和電子數相同，因此為電中性。當鈉失去一個電子後，由於其中帶正電的質子數比帶負電的電子數多，因此就變成帶正電的鈉離子，其帶有電荷的大小就相當於一個電子所帶的電荷大小。氯離子也是同樣的情形，只是他是多得到一個電子，因此成為帶負電的離子）。

死海的位置

黎巴嫩
地中海　　　　敘利亞
耶路撒冷　　阿曼
　　　　死海
以色列　　　約旦
埃及

　　由於水可以溶解這些離子，所以海水嚐起來才會是鹹的。當我們加熱海水讓水蒸發時，由於氯化鈉比起氯化鎂較不易溶於水，所以食鹽會先結晶出來。

　　最近有人宣稱鹽滷可以減肥，雖然不知道是否真的有效用，不過鎂離子確實可以刺激腸道蠕動改善便祕，或許體重下降是因為排便順暢而造成的也說不定。但是要注意的是，長期用這種方法來刺激大腸的話，身體會逐漸地適應而讓效果遞減。

海水中的鈉與氯會形成離子的狀態

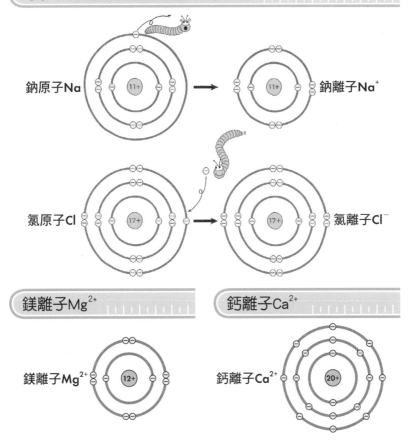

鈉原子Na → 鈉離子Na$^+$

氯原子Cl → 氯離子Cl$^-$

鎂離子Mg^{2+}

鎂離子Mg^{2+}

鈣離子Ca^{2+}

鈣離子Ca^{2+}

2 愈容易蒸發的物質愈臭
臭味和分子的關係

去泡溫泉的時候，經常可以聞到一種類似白煮蛋的臭味，這並不是硫磺的臭味，而是來自一種叫做硫化氫的氣體。這種氣體的分子進到鼻子裡，刺激嗅覺細胞的受體，所以我們才會感覺到臭味。另外我們常說的鐵臭味等，也不是真的來自於鐵，而是我們皮膚表面的脂肪接觸了鐵以後產生一種叫做「1-辛烯-3-酮」的分子，這種分子蒸發後進到鼻子裡，才讓我們感覺到臭味。也就是說，臭味是漂浮在空氣中的分子進到鼻子裡所引起的，因此會發臭的物質全都是氣體或是容易揮發的物質。食鹽或是陶磁器、玻璃、金屬等物質不會蒸發，自然也就不會發臭。

那容易蒸發和不容易蒸發的物質有什麼差異呢？食鹽是由許多的鈉離子和氯離子鍵結而成的離子晶體，這股鍵結力是陽離子和陰離子之間的靜電作用力，稱為庫侖作用力，這是一種很強的引力，因此鈉離子和氯離子不容易蒸發。此外，鐵之類的金屬原子間則有所謂的金屬鍵（參見46頁），以形成金屬的結晶。金屬鍵的強度多半都很強，因此也不會蒸發。

至於硫化氫，其氫原子只有1個K層的電子，而硫原子的M層有6個電子、K層有2個電子、其他電子層有8個電子，形成穩定的狀態，因此氫原子和硫原子會藉由電子的共用，而形成如右頁圖解二所示的鍵結（這種鍵結叫共價鍵）。共價鍵所形成的化合物就是分子。分子和離子不同，並不帶電荷，因此分子間的吸引力（分子間作用力）很弱，即使在低溫下也會因為分子的運動而蒸發。

人類的鼻子裡大約擁有一千種受體，可用來分辨出一千種臭味，而我們不覺得水和二氧化碳會臭的原因，就是因為鼻子裡不具有對應這兩種物質的受體。

離子化合物不容易蒸發

○ 陽離子
● 陰離子

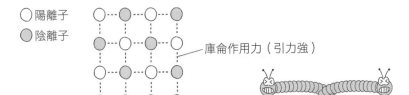

庫侖作用力（引力強）

原子的共價鍵結

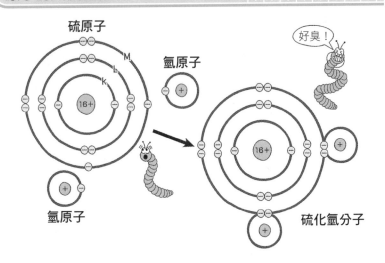

硫原子

氫原子

M
L
K

16+

好臭！

氫原子

16+

硫化氫分子

分子與分子間的引力很弱

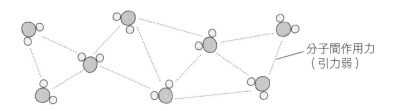

分子間作用力
（引力弱）

3 柔軟而強韌的金屬 是文明的支柱

金屬離子與自由電子的鍵結

　　人類與金屬的關係非常久遠，可以一直追溯到公元前七〇〇〇年。人類最早使用的金屬包括了金、銀，後來又依序學會使用銅（青銅）以及鐵，也有人認為開始使用青銅與鐵的時間大略相同。

　　三千五百年前，中國最古老的殷王朝就已經知道把錫和銅混合製作成青銅的技術，藉此彌補銅過於柔軟的缺點。當時的《周禮‧考工記》中記載了製作斧頭時要添加17％的錫、製作刀劍時添加25％的錫、而製作箭頭時則要添加30％的錫等青銅合金的比例。

　　人類學會利用金屬所帶來的影響非常地巨大。青銅製成的農具比石器更容易加工也更加堅固，提高了農業的生產力。工業革命以來，被拿來製作各式各樣機械、交通工具以及支撐橋樑與建築物的鐵，更是現代文明的重要支撐。

　　為何金屬會比石器柔軟、又比石器堅固耐用呢？原因就在於金屬原子間是以金屬鍵的方式連結。銅和鐵等金屬原子的最外層電子都有容易釋出的特質，例如鐵原子釋放2個電子後會形成鐵離子Fe^{2+}，被丟出來的電子會短暫地移動到隔壁鐵離子的外層軌域，但很快地又會被丟出來而移動到下一個鐵離子，然後再度被丟出來，直到無處可去為止。這就是所謂的自由電子。由於鐵離子帶正電，自由電子帶負電，因此兩者間會產生靜電吸引力，這種吸引力就是金屬鍵。當金屬被敲打變形時，金屬離子的排列雖然產生了變化，但其中自由電子與鐵離子形成的金屬鍵並不會消失，這正是金屬可以被任意地加工成各種形狀、成為優秀材料的原因。

　　另外，岩石當中則含有許多離子，陽離子與陰離子之間雖然因為庫侖作用力而產生鍵結，但一旦受到敲打而使得排列產生偏移時，就會因為同種電荷的離子互相重疊，而產生靜電排斥力並斷裂。這就是石器易碎的原因。

金屬受到敲打時並不會斷裂

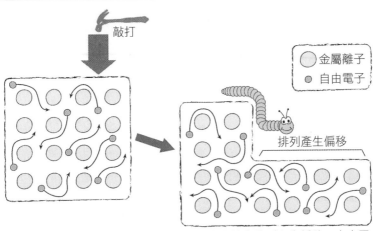

敲打

金屬離子

自由電子

排列產生偏移

即使金屬鍵的排列產生偏移，自由電子也能夠維持原有的鍵結。這就是金屬具有延展性的原因。

離子結晶受到敲打時會斷裂

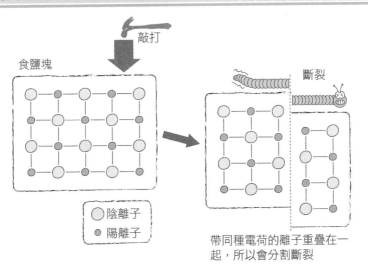

敲打

食鹽塊

斷裂

陰離子

陽離子

帶同種電荷的離子重疊在一起，所以會分割斷裂

4 原子間的鍵結可以分成三種

離子鍵、金屬鍵與共價鍵

原子間的鍵結可分成三種，為離子鍵、金屬鍵與共價鍵。鍵結的種類取決於原子在形成封閉殼層構造時，是釋出電子還是取得電子。其中釋出電子的屬於金屬元素，而取得電子的則屬於非金屬元素。稀有氣體雖然也屬於非金屬元素，但他們幾乎不會與其他元素交換電子。

當金屬原子聚集在一起時，會如四十六頁所提到的鐵一樣產生自由電子而形成金屬鍵。自然中所存在的元素裡，大約有七十種屬於金屬元素。而當金屬原子碰上非金屬原子時，金屬原子會放出電子形成陽離子，非金屬原子則取得電子形成陰離子，使得兩者產生鍵結。至於非金屬原子間，由於彼此都具有取得電子的特質，因此會藉由共用電子來形成鍵結。

舉例來說，鋁原子間會因為放出的電子成為自由電子，而形成金屬鍵。但是當鋁原子碰上氧原子時，鋁放出的電子會被氧接收，使得鋁原子變成鋁離子Al^{3+}，氧原子變成氧離子O^{2-}，兩者之間形成離子鍵。事實上，鋁的表面都會有一層氧化鋁。至於氧和碳則會如右頁下圖所示，藉由共用電子來形成二氧化碳分子。

這幾種鍵結中，力量最強的是共價鍵，離子鍵次之，金屬鍵則有強有弱。除此之外，最弱的鍵結則是四十四頁提到讓分子得以聚在一起的分子間作用力。

氫氣、水或是氨等都是由數個原子以共價鍵連結而成的分子，而當許多原子以共價鍵形成分子量大於一萬的分子時，我們就把他稱做高分子。例如由許多碳和氫鍵結而成的聚乙烯、聚苯乙烯等塑膠，就屬於高分子。

當產生共價鍵的原子數遠多於高分子時，就會形成鑽石或水晶等共價晶體。鑽石裡的每個碳原子間都具有共價鍵，水晶則是由無數的矽原子與氧原子所形成的共價鍵晶體。由於共價鍵是鍵結中力量最強的，因此鑽石與水晶都非常地堅硬。

放出電子的金屬原子與想要電子的非金屬原子

金屬原子

非金屬原子

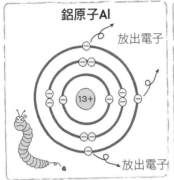

鋁原子Al

放出電子

放出電子

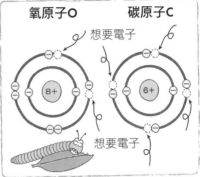

氧原子O　　　碳原子C

想要電子

想要電子

鍵結有三種

金屬原子之間

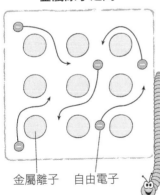

金屬離子　　自由電子

金屬原子＋非金屬原子

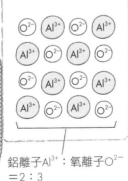

鋁離子Al^{3+}：氧離子O^{2-}
＝2：3

非金屬原子
之間

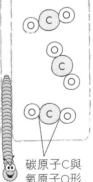

碳原子C與
氧原子O形
成共價鍵

5 可以導電的發酵酒和無法導電的蒸餾酒有什麼不同？

離子、分子與金屬的導電性

　　酒可以分成發酵之後不再進行蒸餾的紅酒、啤酒或日本酒等發酵酒，以及威士忌或白蘭地等蒸餾酒。蒸餾酒是把酒加熱後收集其中容易揮發的成分，因此當中除了乙醇（酒精）以外，還包含了酯類等產生芳香氣味的分子。不過，釀酒用的葡萄或麥裡所含的鈉離子、鉀離子或氯離子等由於不會蒸發，因此蒸餾酒中並不含這些離子。也就是說，蒸餾酒是由許多分子組成的混合物，而發酵酒中除了這些分子之外，還包括了來自原料的離子。

　　這就是為何把發酵酒和蒸餾酒拿來通電時，發酵酒可以導電，但蒸餾酒卻無法導電的原因。發酵酒之所以能夠導電，是因為其中含有離子的緣故。帶有正負電荷的離子可以導通電流，但電荷中性的分子則無法導電。

　　另外，水也是一種分子，所以水的導電性其實不好。手濕濕地去碰插座之所以容易觸電，是因為汗水裡頭的鹽分等離子溶到水裡的緣故。

　　至於金屬，大家都知道鐵會導電，而用來製成電線的銅也會導電。但是如果問說鋁或鉛導不導電的話，可能大家就沒有那麼確定了。事實上，所有的金屬都會導電，因為他們都擁有自由電子，這些電子可以從陰極移動到陽極以導通電流。自由電子不受特定原子的

蒸餾酒的製造原理

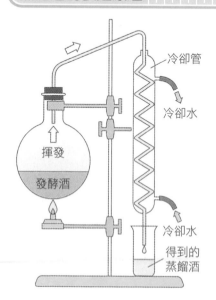

冷卻管

冷卻水

揮發

發酵酒

冷卻水

得到的蒸餾酒

束縛，因此只要施以電壓，很容易地就能讓他們產生移動。

而塑膠和纖維等高分子或是鑽石等的共價晶體並無法導電，因為他們並不是離子，其中的電子也被束縛在原子之間，無法像自由電子般任意移動。

剛剛說的這些都是化學上的常識，但是白川英樹（譯注：日本化學家，生於一九三六年，因研究可導電的高分子而獲得二○○○年的諾貝爾化學獎，現任教於筑波大學）等人打破了這個常識，開發出能夠導電的塑膠而獲得了諾貝爾獎，在一五六頁會再介紹這種塑膠。

可以導電與不能導電的酒

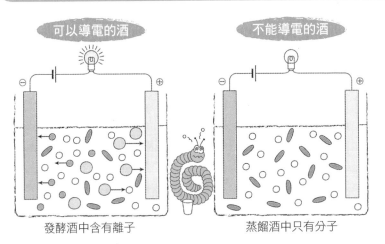

可以導電的酒　　　不能導電的酒

發酵酒中含有離子　　蒸餾酒中只有分子

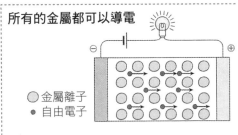

○ 陰離子
• 陽離子
━ 酒精分子
○ 水分子

所有的金屬都可以導電

○ 金屬離子
• 自由電子

6 骨質的溶解或形成和離子過與不足有關

離子與高分子間的合作

骨骼是由一種稱為磷灰石的離子結晶和屬於蛋白質一種的膠原蛋白所形成的複合組織。磷灰石是鈣離子（陽離子）與磷酸離子及氫氧離子（陰離子）所組成的，和其他的離子結晶一樣，非常地堅硬，很適合用來保護神經、內臟以及支撐身體。

然而，正負離子間的吸引力雖然很強，但是一旦受到外力而偏移，造成同種類的電荷重疊時，就會因為排斥力而斷裂（參見46頁），所以如果骨骼的成分只有磷灰石的話，很容易就會骨折。而膠原蛋白補強了磷灰石的缺點，這是一種纏狀的高分子，可以維持骨骼的彈性。如果用鋼筋水泥建築來類比的話，磷灰石就像是堅硬的水泥，而膠原蛋白就相當於用來提供韌性的鋼筋。

骨骼還扮演貯藏體內離子的角色。當離子不足時，動物會把骨骼溶掉以供給細胞所需；當離子過剩時，則會將其轉化成骨骼。負責這兩項工作的分別是破骨細胞與成骨細胞。破骨細胞會分泌酸來溶解沉澱在細胞之間的骨骼；而成骨細胞則會在溶解處分泌膠原纖維，讓離子沉積以形成新的骨骼。與骨骼相較，指甲和頭髮都是死亡的組織，而骨折時卻會流血、感到疼痛，就是因為骨骼是不斷在進行成長與破壞的活組織。

不過，骨骼的構築系統亮起黃燈時，就會造成所謂的骨質疏鬆症。當人們年過五十體內荷爾蒙的平衡產生問題，腸道所吸收的鈣會減少，結果就會造成骨骼中的鈣質溶出，使得骨骼脆化而容易發生骨折。骨質疏鬆症最容易發生在停經後停止分泌女性荷爾蒙的女性身上。

壽命較短的野生動物並不會發生骨質疏鬆症，因為在充滿天敵與饑餓等危險的野外環境中，繁殖後代後就失去生殖能力的個體便會確實地老化而結束一生。只有人類是唯一在完成社會使命後，仍然可以活上很長一段時間的生物，所以說骨質疏鬆症是一種因為長壽而產生的病症。

骨骼是由膠原蛋白與磷灰石所構成 ||||||||||||||||||||||||||||

膠原蛋白的構造

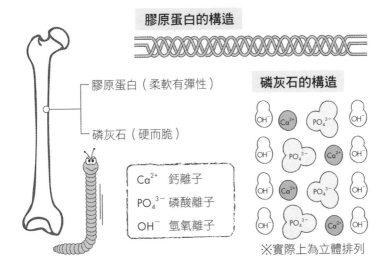

膠原蛋白（柔軟有彈性）

磷灰石（硬而脆）

Ca^{2+}	鈣離子
PO_4^{3-}	磷酸離子
OH^-	氫氧離子

磷灰石的構造

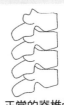

OH^- Ca^{2+} PO_4^{3-} OH^-

OH^- PO_4^{3-} Ca^{2+} OH^-

OH^- Ca^{2+} PO_4^{3-} OH^-

OH^- PO_4^{3-} Ca^{2+} OH^-

※實際上為立體排列

如果發生骨質疏鬆症 ||||||||||||||||||||||||||||

容易發生骨折的地方

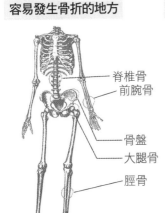

脊椎骨
前腕骨

骨盤
大腿骨

脛骨

骨頭的剖面

正常的骨頭

產生稀疏
的空洞

骨質疏鬆的骨頭

腰彎曲的時候

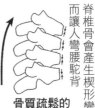

正常的脊椎骨

脊椎骨會產生楔形變形
而讓人彎腰駝背

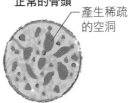

骨質疏鬆的
脊椎骨

7 為什麼黃金是金色的？

金屬光澤

　　圖坦卡門的黃金面具是自公元前三十世紀以來，歷經長達三千年古埃及黃金文明所遺留下的祕寶。面具是由兩片總重約十公斤、厚度約三公釐的黃金板所打造而成。

　　古代埃及人之所以熱愛黃金，與他們的太陽神信仰有關。古埃及所信奉的眾多神祇中，以太陽神的地位最為崇高，他們把太陽神的形象和如太陽般永遠閃耀光輝的黃金重疊在一起，相信生命會在來世復活再生，因此在死者的臉上覆以黃金，同時用黃金來裝飾家具與日常用品。

　　然而，大多數的金屬都是銀色的，因為金屬表面的自由電子會吸收掉所有顏色的光，再立即放射出來。簡單地說，就是金屬會把所有的光都反射回去。當金屬變成一定大小的粉末時會變成灰色的，而銀色其實就是會發亮的灰色。古埃及把銀稱呼為白色的金子，其價值與黃金相當。

圖坦卡門的黃金面具

　　相較於其他金屬，黃金只會將紅、橙、黃、綠色的光反射回去，而讓藍、紫色的光進到黃金的內部。這些反射光混合之後看起來就像是黃色，所以金色其實就是發光的黃色。若試試看用黃色的奇異筆在鋁箔上著色，就會發現鋁箔的顏色變成金的。如果把金色的色紙用沾上去光水的布擦掉黃色染料後，也會變成銀色的紙。

　　黃金是極為柔軟、延展性非常好的金屬，一公克的黃金

可以抽成二八〇〇公尺長的金絲。如果把一公克黃金敲打成厚度只有
〇‧〇〇〇一公釐的薄片，可以得到面積達四〇〇〇平方公分（大約
是八分之一坪）的金箔。若用光照射這種厚度的金箔，就可以發現透
過金箔的光變成了藍色。

黃金的延展性

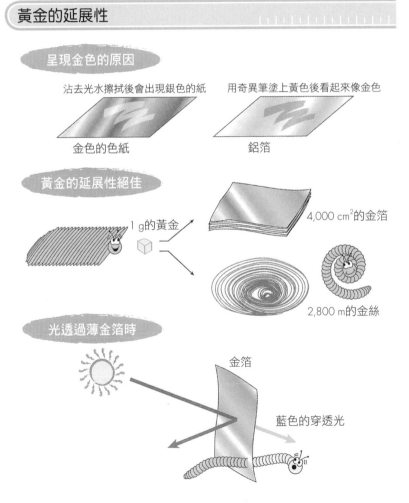

呈現金色的原因

沾去光水擦拭後會出現銀色的紙　　用奇異筆塗上黃色後看起來像金色

金色的色紙　　　　　　　鋁箔

黃金的延展性絕佳

1 g的黃金

4,000 cm²的金箔

2,800 m的金絲

光透過薄金箔時

金箔

藍色的穿透光

8 金屬鍋裡的化學劇
金屬的熱傳導

家庭裡常用的鍋子可以分成鋁鍋和不鏽鋼鍋，哪一種煮起東西來可以又快又不容易燒焦呢？這個問題和鋁與不鏽鋼的導熱性有關。

鋁金屬是由純粹的鋁原子所組成，不鏽鋼則是鐵原子混入少量的鎳與鉻所形成的合金。通常單一金屬的結晶構造單純，因此較為柔軟，而合金的構造複雜因此較硬。

導熱性的好壞也和結晶的構造有關。金屬裡有許多可以在金屬離子間自由移動的自由電子，熱量就是藉由這些自由電子來進行傳導，當動能大的「熱」自由電子與動能小的「冷」自由電子產生碰撞，就會逐漸把熱傳導出去。而金屬離子則是熱傳導時的障礙，帶正電的金屬離子會吸引帶負電的自由電子，阻礙其運動，因而改變其導熱性。

請各位想像一下用木樁拍打水面時，從木樁尖端產生水波的樣子。當粗細相同的木樁整齊地排在一起時，水波可以傳到很遠的地方，這就是單一金屬中熱在傳導時的樣子。但如果木樁的大小不同，拍打水面的方式又很複雜時，水波的波前會在途中就亂掉，使得水波無法傳遞到遠方，這就是合金的狀況。這裡的木樁對應的是金屬離子，水對應的是電子，而波前則對應熱傳導的方向。實際上，自由電子在晶體結構單純的鋁中遠比在結構複雜的不鏽鋼中更容易導熱，其導熱性相差了十倍以上。

由於不鏽鋼的導熱性較差，比較難把熱導到四周，而在受熱處產生局部高溫，容易造成加熱不均勻，讓食物燒焦。而鋁則由於導熱性佳，很少會發生加熱不均勻，所以不容易讓食物燒焦。不過，雖然鋁鍋煮起東西來很快，但鋁並不是萬能的。鋁的缺點是不耐酸鹼，而不鏽鋼就沒有這個問題。拉麵和蒟蒻的滷汁是鹼性的，因此如果在鋁鍋中放太久，就會讓鋁鍋的表面變黑；味噌、醬油和沾醬等屬於酸性，因此如果味噌湯、滷味醬汁或是咖哩在鋁鍋中放太久，鍋子很容易腐

蝕，食物的風味也會受到影響。了解金屬鍋的特性，可以讓我們在使
用上更加得心應手。

鋁鍋與不鏽鋼鍋

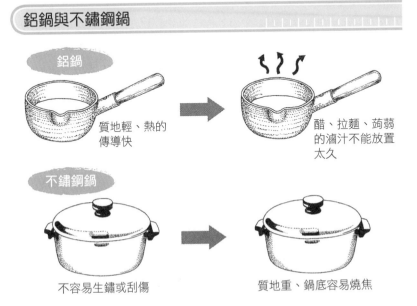

鋁鍋

質地輕、熱的
傳導快

醋、拉麵、蒟蒻
的滷汁不能放置
太久

不鏽鋼鍋

不容易生鏽或刮傷

質地重、鍋底容易燒焦

鋁和不鏽鋼的導熱性不同

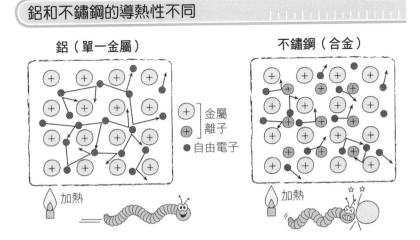

鋁（單一金屬）

不鏽鋼（合金）

⊕ 金屬
⊕ 離子
● 自由電子

加熱

加熱

日本硬幣的歷史

從黃銅、青銅到白銅

日本最早的硬幣是和銅元年（七○八年）鑄造的「和同開珎」，為銅錫混合的青銅合金而非純銅。銅礦石中多半含錫，且青銅熔點比純銅低較易鑄造，才把硬度比純銅高的青銅合金拿來鑄錢。但到了後期，不但銅錢愈來愈小，含鉛量也愈來愈高，品質愈來愈差。例如奈良時代的銅錢含鉛量低於一成，但到了平安初期已高達四成，後來更超過五成，最後銅錢終於隨國家的衰敗而消失。

到了江戶時代再度出現統一流通的貨幣。由於純金太柔軟容易受損，當時的金幣（稱為小判）使用了金與銀的合金。小判歷經九次改鑄，和平安時期一樣變得愈來愈小，含金量也愈低。幕府初期的慶長小判（一六○一年）重十八公克、含金量84%，幕末時的万延小判（一八六○年）只剩三公克、57%，算起來含金量只有慶長小判的一成左右。

當含金量太低時，小判看起來會是白色而非金色，必須經過一道顯色的程序：把硝酸鉀、硫酸銅、鹽以及含有機酸的藥品塗在小判表面，直接以火加熱後再把藥物洗掉，如此表面的銀會變成氯化銀或硫酸銀而被去除，使黃金濃度變高而產生金色光澤。但藉由降低品質來提高流通量的做法造成了嚴重的通貨膨脹，使幕末經濟衰弱不振。無論古今，貨幣的流通量都是反映經濟狀況的明鏡。

至於日本現行的五圓硬幣，用的是含鋅40%、銅60%的黃銅；十圓硬幣則是含錫2%、鋅3%、銅95%的青銅。黃銅也會用在管樂器上，而青銅在鐵出現前曾用來製作武器及農具。五十圓硬幣和百圓硬幣都是含鎳25%、銅75%的白銅，五百圓硬幣則是含鎳8%、鋅20%、銅72%的洋銀，這幾種硬幣都是呈銀色的銅合金。白銅亦可製作齒輪等機械零件，洋銀則經常替代銀用來製作餐具或裝飾品。

第 **3** 章

神奇的
溶液與氣體

3

① 與眾不同的水
電荷偏向一邊的極性分子

化學反應會改變原子的組合方式，這些反應大多是在溶液或氣體中進行。因為在溶液或氣體中，離子或分子會紛亂地進行運動，使彼此頻繁地產生碰撞，而容易把原有的鍵結打斷，進而和不同的對象形成新的鍵結。

配製溶液時最常使用的溶劑就是水。水對許多物質的溶解力都很強，是很好的溶劑，而且水還有個特殊的性質。

在化學上，一般而言「性質類似的物質間，互溶性佳」，意思是分子性物質（由分子組成的物質）與分子性物質容易互溶，金屬與金屬容易互溶。例如乾洗時所使用的工業用石油或四氯乙烯，是由碳、氫、氯所構成的分子性物質，因此這種溶劑很容易把同屬於分子性物質的皮脂油污、口紅、或是食用油等等溶掉。但是，汗裡面所含的食鹽等物質就不容易溶到這些溶劑裡。

一般來說，分子性物質是由於分子間作用力這種微弱的引力而聚集在一起，因此只要都屬於分子，即使種類不同也很容易互相混合。但是，組成食鹽的離子間是藉由很強的離子鍵而結合，因此分子不容易進到離子之間把離子分散開來。

水是由氧和氫這兩種非金屬元素所組成，和油脂同屬於分子，但食鹽這類的離子卻比油脂更容易溶到水裡，這是因為水分子擁有極性的緣故。水分子中的氫原子和氧原子對彼此之間所共用電子的吸引力不同，氧對電子的吸引力較強，因此電子雲較偏向氧那一端，使得氫原子帶有少量的正電荷，氧原子則帶有少量的負電荷。

這種分子內的電荷偏向一側的物質就叫做極性分子。把食鹽丟進水中時，水分子裡的氧原子會因帶有少量負電荷而靠近食鹽的陽離子，氫原子則因帶有少量正電荷而靠近食鹽的陰離子，以此形成鍵結，而把食鹽的離子拉入水中溶化掉。油脂之類的分子因為本身沒有電荷偏移的情形，所以不容易和水分子形成鍵結，自然就不容易溶解

於水中。

不過，並非所有的分子都無法溶到水裡。早期農藥中的DDT與BHC等分子可以微量地溶於水，進入浮游生物的體內，然後被魚貝類生物攝食後，再被吃進鯨魚或海豚等動物的體內。有研究指出，海豚脂肪組織中的DDT濃度可達海水中的一千萬倍。

電荷偏向一邊的極性分子

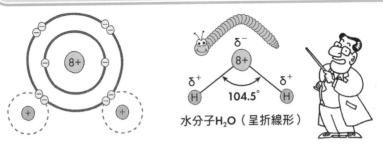

水分子H_2O（呈折線形）

氫原子的電子會受到氧原子的吸引

水是極性分子，當中的氧原子帶有少量負電荷（δ^-），氫原子帶有少量正電荷（δ^+）

氯化鈉NaCl溶於水中的原理

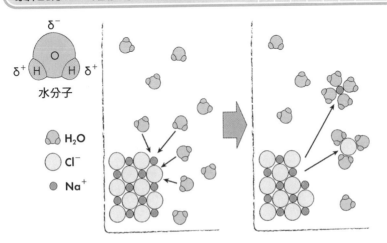

δ^-
δ^+ H H δ^+
水分子

H_2O
Cl^-
Na^+

2 為什麼果汁在0℃下不會結凍

凝固點下降

　　把果汁放到冷凍庫裡等結凍到一半時取出，然後把已結冰的部分和尚未結冰的部分分開，會發現沒有結冰的部分味道比較濃。這是因為果汁剛開始結凍時，只有水會變成冰，而有味道的成分則被趕到冰的外頭，所以尚未結冰的部分味道才會比較濃郁。

　　可是，為什麼果汁在0℃下不會結冰呢？以純水的情況來看，0℃的冰浮在0℃的水上時，不管過了多久冰都不會融化。但即使是同樣的溫度，也會有一些分子的運動比較活潑、有些分子的運動比較緩慢。冰的表面上較活潑的水分子會脫離冰成為液態水的一部分，於此同時，和冰接觸的水分子中運動較緩慢的水分子也會與冰結合。由於這兩者的變化速度相當，因此冰的大小會維持不變，這就是所謂的平衡狀態。

　　如果是0℃的冰浮在0℃的果汁表面呢？和浮在水中的情況一樣，運動較活潑的水分子會脫離冰的表面溶到果汁裡。但是，由於果汁中含有砂糖等分子，以致和冰接觸的水分子較少，因此會轉變成冰的水分子也較少，於是到最後冰將會全都融掉。如果要讓冰能和果汁共存，就必須把溫度降到0℃以下，讓分子的運動更加緩慢，使從冰變成水的分子減少才行。也就是說，讓果汁結成冰的溫度會低於0℃，這種情形稱為凝固點下降。

　　凝固點下降的原理也應用在使蔬菜或魚更加美味的低溫冷藏技術上。如果把蔬菜或魚保存在比0℃略低的溫度下時，食物當中的「抗凍機制」就會開始運作；也就是說，由於溶於水中的離子或分子愈多，水的凝固點就愈低，因此低溫環境會讓蔬菜或魚體內的澱粉或蛋白質等營養素分解成分子或離子釋放出來，使分子或離子的量增加。

　　舉例來說，澱粉是由許多葡萄糖所形成的分子，因此澱粉分解後，會產生許多的葡萄糖分子。蛋白質則是由許多胺基酸所組成的分

子，所以分解後會產生許多胺基酸分子。糖具有甜味，胺基酸則具有甘味，因此把蔬菜或魚貯藏在0℃以下一兩天的話，就可以增加其鮮甜風味。

這項技術是當初在鳥取縣原本要將梨子長期保存在3℃下，沒想到因機械故障使溫度降低到0℃以下而意外發現的。

凝固點下降的原因是

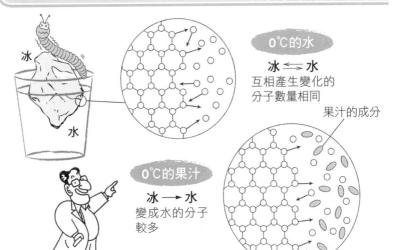

0℃的水

冰 ⇌ 水
互相產生變化的
分子數量相同

果汁的成分

0℃的果汁

冰 → 水
變成水的分子
較多

低溫貯藏可以提高食物的風味

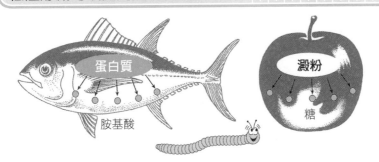

蛋白質

澱粉

胺基酸

糖

3 南極海裡的魚不會被凍起來的祕密
南極的魚和急速冷凍法

　　南極的海水平均溫度只有−2℃，是個非常寒冷的世界，但有些魚還是能若無其事地生活在其中，以往在日本被稱為銀鮭的圓鱈就是其中之一。

　　生活在南極的魚，其血液中的鹽分比溫帶魚多，可以耐到−1℃而不結冰，但是當溫度降到−1℃以下時，體內就會開始出現微小的冰晶。剛形成的冰是微小的六角形片狀物，如果冰晶在每個方向的結晶速度都一樣，就會長成球狀的冰；但實際上，結晶成長的速度在不同的晶面上是不同的，所以結晶較慢的地方會形成平面狀，結晶快的地方則會變成尖角。不同方向上的結晶速度相差可達一百倍，如果完全不去理會，尖角部分就會長成枝葉狀，到最後結晶會變成像是互相交錯延伸的枝葉，使得尖銳的冰晶穿透細胞膜而使細胞壞死。

　　不過，南極的魚體內會生成一種蛋白質貼附到冰晶尖角的部分，

讓冰晶變小的蛋白質

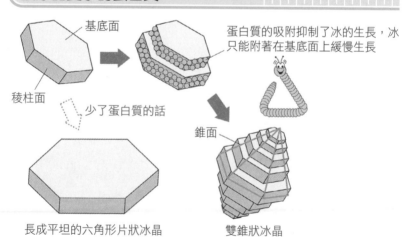

基底面

蛋白質的吸附抑制了冰的生長，冰只能附著在基底面上緩慢生長

稜柱面

少了蛋白質的話

錐面

長成平坦的六角形片狀冰晶

雙錐狀冰晶

因此水分子就只能貼附到沒有受到阻礙的冰晶面上去；又由於冰晶在平面部分的成長非常緩慢，因此冰晶無法變大，結果就是南極魚類的體內會出現許多微小的冰晶。由於這些冰晶沒有枝葉狀的構造，就算聚在一起也不會變成大塊的冰晶，這樣一來，即使溫度低到－2℃，細胞也不至於受損，而且也不會全身都被凍結起來。這種會貼附到冰晶尖角的蛋白質，稱為抗凍糖蛋白。

在製造冷凍食品時，如果想要保持食物的風味，關鍵就在於讓冰晶愈小愈好。食材通常在－1℃時開始結凍，到了－5℃左右完全凍結，這個溫度區間稱為最大冰晶生成帶。如果讓食材在這個區間內慢慢結凍的話，就會長出大型的冰晶破壞掉組織及細胞，造成甘味與營養在解凍時流失，讓食物變得不好吃。

所以，市面上冷凍食品的製造方式，是利用－50℃到－60℃之間的冷氣讓食物在三十五分鐘以內通過最大冰晶生成帶的溫度區間，這種方式稱為急速冷凍法。如此一來，就能夠讓食材內的冰晶維持在很小的狀態，減少對組織與細胞的破壞，保持住食物原有的美味與鮮度。

在自然界中，即使是溫度低於－40℃的極寒之地，都還有植物與昆蟲能不被結凍而存活著，其中充滿了這些生物能夠不被凍結起來的自然奧祕。如果可以了解其中的原理，找到讓食品保存在低溫下而不結凍的方法，或許可以研發出完全沒有冰晶的終極冷凍食品。

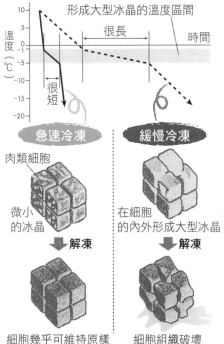

急速冷凍與緩慢冷凍

形成大型冰晶的溫度區間

溫度（℃）　時間

很長

很短

急速冷凍　緩慢冷凍

肉類細胞

微小的冰晶

在細胞的內外形成大型冰晶

解凍　解凍

細胞幾乎可維持原樣　細胞組織破壞

4 釀造梅酒的訣竅和滲透壓的原理

半透膜的孔洞與滲透壓

　　釀造梅酒時所使用的糖種類，一定會選擇冰糖。雖然感覺上若使用蜂蜜的話，就能夠釀造出風味極佳的梅酒，但很可惜地，這樣做就算再怎麼努力，也無法釀出香醇美味的梅酒，其原因就在於滲透壓。

　　所有的生物體包括梅子在內，都是由細胞所組成，而細胞的表面覆

滲透壓的原理

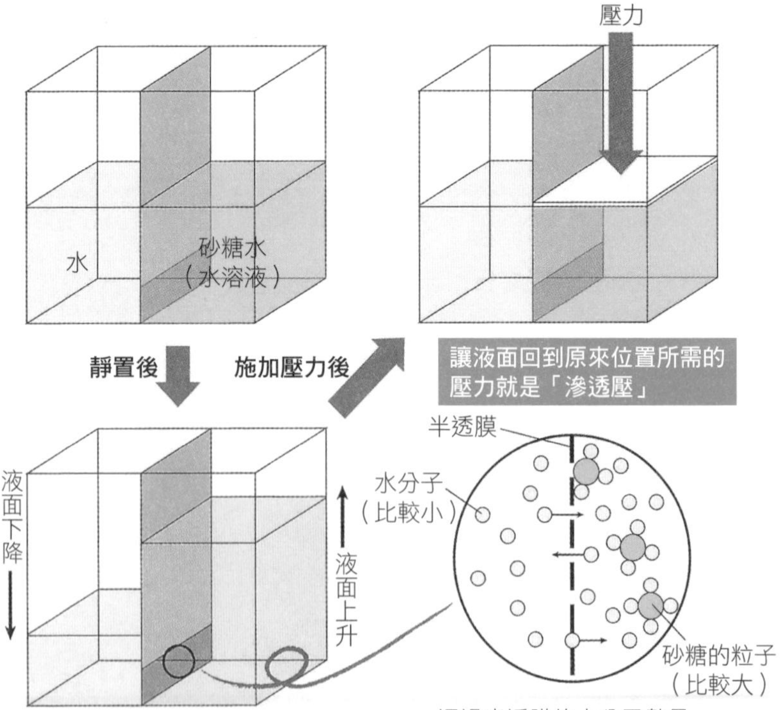

壓力

水　　砂糖水（水溶液）

靜置後　　施加壓力後

讓液面回到原來位置所需的壓力就是「滲透壓」

液面下降

液面上升

半透膜

水分子（比較小）

砂糖的粒子（比較大）

通過半透膜的水分子數量，
→比較多，←比較少

蓋有一層細胞膜。細胞膜是一種半透膜，上面有許多細小的孔洞，能夠讓像是水分子之類的小分子通過，但比水分子還要大的大分子則不易通過。

如果把半透膜放在砂糖水和純水之間，水分子會從純水移動到砂糖水那邊；也就是說，純水的量會愈來愈少，而砂糖水的量則會增加。這是因為砂糖水裡含有比水分子大的砂糖分子，使得由砂糖水這邊通過半透膜小孔流向純水的水分子會較少的緣故。而當純水流入砂糖水之類的水溶液時所遇到的壓力（正確來說應該是阻止純水流入的壓力），稱為滲透壓。溶解在水中的分子或離子濃度愈高時，滲透壓就愈大。

如果在梅酒裡加入大量的蜂蜜，會造成梅子外部含有蜂蜜的燒酒其滲透壓比梅子本身的滲透壓還大，這樣一來梅子裡的水分就會通過細胞膜流入燒酒中，使得梅子很快就乾癟掉，結果就是美味的成分都留在梅子裡。如果使用冰糖的話，由於冰糖需要一些時間才會溶在燒酒裡，酒精就可以趁這段時間浸透梅子，讓梅子中的成分溶出到燒酒裡，這樣一來就可以釀出好喝的梅酒了。

釀造梅酒還有一個祕訣，就是要把釀梅酒的瓶子靜置在陰暗的地方。冰糖放進梅酒一段時間以後就會溶解，接著高濃度的糖液會沉積在瓶子的底部，如果這時候攪拌動了梅酒，下場就會和使用蜂蜜時一樣。

此外，由於溫度高時分子的運動比較激烈，便會讓冰糖的分子在短時間內就和水混合在一起，因此一定要挑一個溫度低的地方。至於照射到光線則會讓梅酒裡的成分變質，所以放置在暗一點的地方比較好。

釀造梅酒時的古老訣竅，也是可以像這樣從分子的角度來理解。

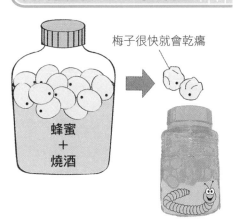

用蜂蜜釀不出好喝的梅酒

梅子很快就會乾癟

蜂蜜
＋
燒酒

5 牛奶、血液等膠體溶液的用處

會讓光產生散射的膠體溶液

　　牛奶中含有小牛成長所需的均衡營養素，當中的蛋白質（主要為酪蛋白）是用來形成小牛的肌肉與臟器；乳糖（屬於醣質的一種）則是小牛的能量來源，也是腦神經細胞膜的組成成分；而乳脂肪（脂質的一種）是能量來源和細胞膜成分。

　　牛奶裡的脂質簡單來說就是油脂的一種，因此不溶於水；而磷酸鈣其實就是骨的粉末，會直接沉澱在水中；另外，大部分的蛋白質也都不溶於水。但是，牛奶卻能讓這些成分在水中分散成非常微小、易於消化吸收的狀態。

　　具體來說，乳脂肪會變成直徑約3μm（3微米，等於3／1000 mm）的油滴。這些油滴之所以不會聚合在一起、也不會自己散掉，是因為其外面包覆了一層磷脂質的緣故。如右頁圖解所示，磷脂質是一種部分為親油性（喜歡和油親近）、部分為親水性（喜歡和水親近）的分子，因此親油端會朝向乳脂肪將他整個包覆起來。如此，乳脂肪被磷脂質包覆起來以後，其表面就成了親水性，可以很容易地分散到水中。另外，酪蛋白的構造鬆散而捲曲，其中親水性佳的成分可使其不沉澱，而且其中還含有許多的磷酸鈣將各個成分結合在一起。這樣一來，由於磷酸鈣分散在酪蛋白上，因此很容易吸收。人體對小魚乾和蔬菜中的磷酸鈣吸收率分別是33%與19%，而牛乳則高達40%。

　　事實上，牛奶看起來呈現白色，就是分散在水中的脂質與蛋白質所造成的。這些脂質與蛋白質比普通的分子大，會讓光無法直接穿透而散射掉，所以看起來才會濁濁的。像這樣的溶液就稱為膠體溶液。

　　除了牛奶之外，血液或是細胞內的溶液也都屬於膠體溶液。膠體溶液是生命活動不可或缺的一種基本溶液，負責將難溶於水的營養素或是老廢物質在不沉澱的狀態下運送到目的地。

牛奶是膠體溶液

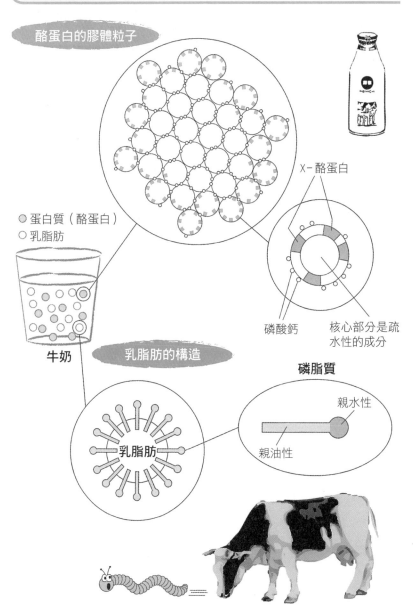

酪蛋白的膠體粒子

X-酪蛋白

● 蛋白質（酪蛋白）
○ 乳脂肪

磷酸鈣　　核心部分是疏水性的成分

牛奶

乳脂肪的構造

磷脂質

乳脂肪

親水性

親油性

6 愈輕的分子動得愈快
分子量與物質的性質

　　氣體雖然有氫氣、氧氣、氨氣等許多不同的種類，但是他們在溫度與壓力、體積、分子數量之間的關係上，幾乎沒什麼不同。不管是什麼氣體，只要將1 mol（莫耳）的分子（等於6×10^{23}個分子）封進針筒等容器內，在0℃、1大氣壓的條件下，其體積一定會是**22.4公升**。為什麼會這樣呢？

　　氣體中有像是氫氣（H_2，分子量2）這樣的輕分子以及丙烷（C_3H_8，分子量44）之類的重分子等各種分子。如果在兩個容器中各裝入1莫耳分子量不同的氣體，使其維持在0℃與1大氣壓下，並且假設這兩種氣體分子的運動速度一樣快，那麼兩個容器中的壓力會是一樣的嗎？壓力是氣體分子撞擊器壁而產生的，若兩種氣體分子的速度一樣，那麼重的分子施加在器壁上的力較大，壓力應該比較高才對。

　　但實際上不管是什麼氣體，其壓力都會是1大氣壓。這是因為在相同的溫度下，分子量小的分子速度快，分子量大的分子速度慢的緣故。當氫氣等輕分子高速地撞擊器壁時，其單位時間內撞擊器壁的次數也會增加，所以無論何種氣體壓力都是一樣的。

輕的分子快、重的分子慢

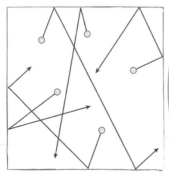
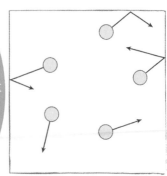

溫度
體積
分子數量
壓力
＝
相同

分子量與沸點的關係

常溫狀態下	氣體				液體			固體	
物質	氫氣 H_2	甲烷 CH_4	氧氣 O_2	丙烷 C_3H_8	水 H_2O	硫酸 H_2SO_4	溴 Br_2	碘 I_2	葡萄糖 $C_6H_{12}O_6$
分子量	2	16	32	44	18	98	160	254	180
沸點（℃）	－ 253	－ 161	－ 183	－ 42	100	－（分解）	59	184	－（分解）

輕的分子速度快，也表示分子量小的氣體必須要冷卻到更低的溫度才能變成液體。事實上氫氣的沸點的確很低，甲烷、氧氣及丙烷的沸點則一個比一個高。而溴與硫酸等的分子在常溫下的運動緩慢，所以是液體，碘與葡萄糖等則為固體。此外，像是分子量超過一萬的塑膠以及蛋白質等高分子，當然也都是固體。

然而，水的分子量雖然只有18，但在常溫下卻是液體。

水分子的氫鍵

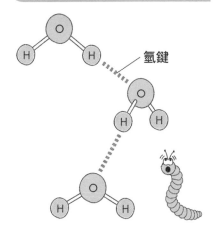

氫鍵

和別的物質比較一下就知道，水很明顯是個例外。其原因就在於水分子擁有極性，所以水分子的氧原子會和其他水分子的氫原子形成相當強的氫鍵。在1大氣壓下時，必須把水加熱到100℃才能把氫鍵打斷。

水分子因為氫鍵的形成而無法隨心所欲地運動。相鄰的水分子在某一瞬間形成氫鍵後，馬上又會因為分子的運動而被打斷，然後再和其他的分子形成氫鍵，一面運動一面重覆這樣的過程。當許多水分子在某瞬間因氫鍵而整團聚在一起時，就稱為分子團。

3

7 為什麼吸管可以拿來喝果汁？

因大氣壓的影響最高可達10公尺

把吸管放到裝了果汁的杯子裡，「啾——」地吸上一口，一開始吸到的是吸管裡的空氣，吸掉空氣以後果汁就會跑上來。

那如果把吸管接成長長的一條，從高處來吸的話會是什麼情形呢？不管多高都還是能吸得到果汁嗎？雖然每個人的結果多少會有些不同，不過就算用很細的吸管來實驗，最高大概也只能把果汁吸到7、8公尺高。再高的話，不管怎麼拚命，都只能讓果汁上升到一半。而且吸到這種高度時，吸管中的空氣將會變得很稀薄，而造成唾液逆流、耳朵嗡嗡作響、嘴巴內磨破皮流血。

如果用真空幫浦來取代以嘴吸食的話呢？如此一來好像不管高度多高，都可以把果汁抽上去。但是，實際上卻並非如此，果汁最多只

果汁只能上升到10公尺高

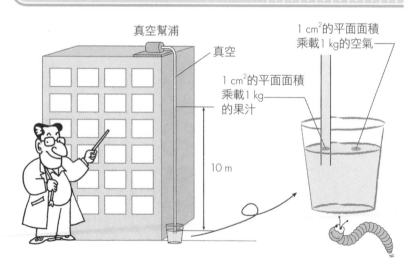

能上升到10公尺左右的高度。

造成這種結果是因為地球的大氣壓力正好是1大氣壓的緣故。在空氣裡，所有的分子都各自以非常快的速度飛來飛去，當這些分子撞擊到其他物體時，會在被撞擊的物體上施加一個作用力，其產生的大氣壓力大小相當於在1平方公分的面積上放上一個1公斤重的砝碼。而果汁之所以最高只能上升10公尺，正是因為果汁的表面也受到同樣大小的大氣壓力。

如果以杯子裡的果汁液面為基準來看，吸管中位於同樣高度的截面上，承載著果汁的重量，而果汁重量所造成的壓力，必須和液面所承受大氣壓力的大小相同才行。也就是說，這個吸管中的截面每平方公分上可承受的果汁重量應該是1公斤，換算出來的高度就相當於10公尺高的果汁。

但是，有些樹木可以長到100公尺高（相當於三十層高的大樓），這些樹木又是怎麼把水吸上去的呢？

植物根部所吸收的水分會沿著莖幹裡的細小導管上升，如果植物只利用大氣壓力的原理來吸收水分的話，水最多就只能達到10公尺高。而水之所以可以到達比10公尺更高的地方，是由於水會從葉子的表面蒸發的緣故。葉子的表面有許多稱為氣孔的小洞，水就是從這些小洞蒸發出去的。

簡單來說，由於水分子間具有相當強的氫鍵，因此當水柱很細時，蒸發的水分子就會對下方的水分子產生吸力，讓水分子像念珠一樣一個接著一個往上升。

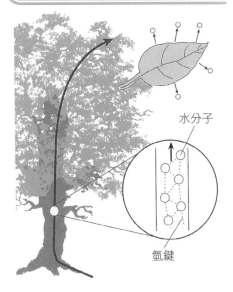

植物吸收水分的原理

水分子

氫鍵

母奶可以促進腦部發育

母奶與荷爾蒙的關係

　　這幾年大家又開始注意到以母奶來哺育寶寶的優點。母奶和牛奶相比，其蛋白質和礦物質較少，脂質和乳糖較多，因為在人類發育初期，主要是把營養素用於發展大腦而非身體。母奶的脂質多半是所謂的高級不飽和脂肪酸，會轉變成快速發育中的腦神經膜成分，而乳糖則是腦神經的能量來源。除此之外，母奶中還有許多可以提高免疫力的蛋白質。

　　母奶的第二個好處是，這些營養素會隨著寶寶的成長而自動調整。色黃而黏稠的初乳中有許多免疫活性高的蛋白質以及白血球，還有豐富的維他命A、E。幾週後母奶會變成白色的成熟乳，增加大腦發育所需的脂質與乳糖。這種成分的變化是為了先保護寶寶免於傳染病的威脅，然後再幫助大腦進行發育。寶寶出生四個月後，母奶的質和量都會開始下降，這時候就可以準備開始斷奶了。

　　母奶重新受到重視的另一個理由是，授乳可以加深親子之間的感情。寶寶在吸吮媽媽的乳頭時，母親的腦下垂體會分泌一種叫做泌乳激素的荷爾蒙，除了可促進乳汁的分泌之外，還會誘發想要保護寶寶的母性本能。此外，促進乳汁排出與子宮收縮的催產素（荷爾蒙的一種）以及有鎮痛作用的腦內啡（蛋白質的一種）也有類似的作用。由於母奶還有這樣的好處，所以先進國家為了促進親子關係的心靈交流，便推廣使用母奶來哺育寶寶。

哺乳與荷爾蒙的分泌

腦下垂體
催產素
泌乳激素
吸吮乳頭
產生乳汁
子宮收縮
子宮

母奶與牛奶成分的比較

	母奶	牛奶
熱量（kcal／100ml）	69	66
蛋白質（g／100ml）	0.9	3.5
酪蛋白	0.25	2.73
乳清蛋白質	0.64	0.58
α乳白蛋白	0.26	0.11
乳鐵蛋白	0.17	微量
β乳球蛋白	—	0.36
溶菌酵素	0.05	微量
血清蛋白	0.05	0.04
免疫球蛋白A	0.1	0.003
脂質（g／100ml）	4.5	3.7
醣質（g／100ml）	6.8	4.9
礦物質（g／100ml）	0.2	0.7

第 4 章

什麼是化學反應？

——酸基、鹼基和氧化還原

4

1 燃燒為什麼會產生熱？
鍵能與活化能

「為什麼燒瓦斯會產生熱呢？」像這種單純的疑問也可以用化學來解答，燃燒生熱的原因就在於原子之間的鍵結強弱不同。廚房裡自來瓦斯的主要成分是甲烷，甲烷燃燒後會變成二氧化碳和水。這個化學反應牽涉的鍵結斷裂與形成方式，包括要切斷四個碳氫鍵C－H、兩個氧雙鍵O＝O，以及形成兩個碳氧雙鍵C＝O與四個氫氧鍵H－O。

前面提過，「分子在打斷鍵結時必須吸收能量，形成鍵結時則會放出能量」，原子也一樣。把1 mol（莫耳）原子間的鍵結打斷所需的能量，就稱為鍵能。

鍵能是用來表示原子間鍵結強度的計量標準，鍵結愈強鍵能就愈大，或者也可以說鍵能是分散的原子間產生鍵結時所放出的能量大小。舉例來說，O＝O的鍵能是494 kJ／mol（每莫耳千焦），這表示打斷1 mol的O＝O鍵時需要有494 kJ的能量，同時也表示當分散的氧原子形成1 mol的O＝O鍵結時會放出494 kJ的能量。

燃燒1 mol的甲烷時，為了切斷4 mol的C－H鍵與2 mol的O＝O鍵，必須吸收2,632 kJ的能量，並且會形成2 mol的C＝O鍵與4 mol的H－O鍵，而放出3,434 kJ的能量。所以，兩邊加減後總共會釋放出802 kJ的能量。從鍵結強弱的觀點來看的話，也可以說燃燒甲烷時因為切斷了弱的鍵結、並產生強的鍵結，所以才會產生熱。

甲烷和氧氣都是到處飛來飛去的氣體分子，兩者混在一起時會互相碰撞，若是碰撞使得C－H鍵與O＝O鍵被打斷的話，就會開始燃燒。不過分子的速度在常溫下較慢，鍵結不易被打斷，所以才需要利用點火提供能

原子間的鍵能

鍵結的種類	能量（kJ／mol）
C－H	411
O＝O	494
C＝O	799
H－O	459

量讓分子加速，使其產生更激烈的碰撞來打斷鍵結。這種引發化學反應所需的能量，就稱為活化能。

甲烷燃燒生熱的原理

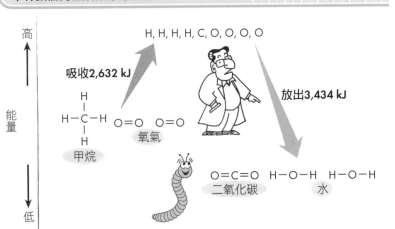

缺乏活性能的話就不會產生化學反應

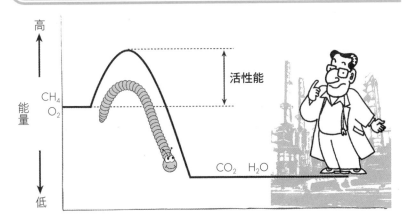

2 環保汽車與觸媒的原理
降低反應障礙的觸媒

如果沒有點火的話，就算把氫氣和氧氣混合在一起也不會發生化學反應，因為其所需的活化能很高，很難產生變化。但是如果加入白金，即使不升溫，氫氣和氧氣也會爆炸並產生水。白金在反應的前後本身並沒有發生任何變化，但是其存在可以加速反應的進行，像這樣的物質就稱之為觸媒。觸媒能夠降低所需的活化能，使化學反應更容易進行。

氫氣和氧氣在白金的表面上與白金產生鍵結（鉑氫鍵Pt－H與鉑氧鍵Pt－O）時，幾乎不需要什麼活化能。而且當氫氣和氧氣與白金產生鍵結後，會使得氫原子H彼此間的鍵結和氧原子O彼此間的鍵結變弱，因此只需要一點點活化能就能讓氫與氧之間形成鍵結而產成水H_2O。觸媒的作用就是與反應物之間形成中間物質，讓化學反應能透過活化能較低的路徑來進行。

很多實際上的應用都需要開發出新的觸媒，例如柴油引擎的廢氣處理也是。柴油引擎的耗油率比汽油引擎低，也就是說其燃料的使用量相對於引擎排氣量的比率是較低的。但是，柴油引擎在爆震時無法完全燃燒，而燃燒不完全的燃料會產生煤灰，此外柴油引擎所排放的氮氧化合物也較多，像是一氧化氮或二氧化氮等。這種氣體是空氣中的氮氣與氧氣在引擎的高溫下所形成，為氣喘等疾病的致病原。

汽油引擎的廢氣中也含有燃燒不完全的燃料以及氮氧化合物，但是汽油引擎中的三元觸媒可以有效地淨化這些廢氣，使得燃燒不完全的燃料與氧氣產生反應變成水與二氧化碳，而氮氧化合物則會被還原成空氣中原本就含有的氮氣。但柴油引擎則由於廢氣中的含氧量高，而無法使用這種觸媒，造成其排放的煤灰與氮氧化合物含量都高於汽油引擎。

最近開發出了一種利用氨來作用的新觸媒也可以使用在柴油引擎上，能大幅地減少廢氣中的氮氧化合物。由於耗油率低的柴油車在歐

洲很受歡迎，因此這種觸媒率先在歐洲市場上被使用，至於其整體效
用如何，大概還要過幾年以後才能評估得知。

汽車的廢氣淨化

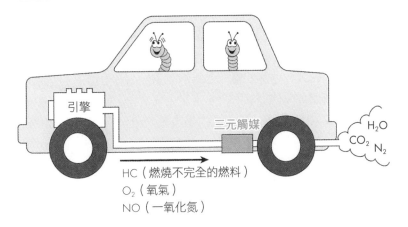

HC（燃燒不完全的燃料）
O₂（氧氣）
NO（一氧化氮）

新型柴油觸媒的功用

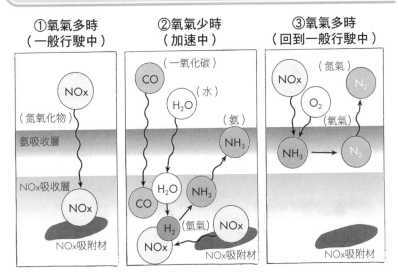

①氧氣多時
（一般行駛中）

（氮氧化物）
NOx

氨吸收層

NOx吸收層

NOx

NOx吸附材

②氧氣少時
（加速中）

（一氧化碳）
CO

（水）
H₂O

（氨）
NH₃

CO

H₂O

NH₃

H₂（氫氣）

NOx

NOx

NOx吸附材

③氧氣多時
（回到一般行駛中）

NOx

O₂

（氧氣）

（氮氣）
N₂

NH₃ → N₂

NOx吸附材

3 從空氣中製造出氨的科學家

如何跨越化學平衡的阻礙

　　氨是種非常重要的中間原料，除了可用來製造硝酸氨等氮肥之外，也可以用來製造炸藥成分中的硝酸鉀。歐洲在十九世紀以前，主要是從產自南美祕魯的鳥糞石或是產自智利的智利硝石來取得氨。

　　但是，由於人口增加使得對食物的需求提高，再加上工程上的火藥用量也不斷增加，使得氨的需求也變得更重要，於是人們開始把注意力放到空氣中的氮氣。如果能找出方法把氮氣與氫氣反應成氨的話，就會擁有取之不盡的資源，再也不需要仰賴不穩定的進口。

　　於是，科學家開始嘗試讓氮氣與氫氣進行化學反應，結果雖然可以產生氨，但卻會有部分的氮氣與氫氣不產生反應，無論反應的時間拉得多長，都無法讓全部的氮氣與氫氣都轉變成氨。之所以如此的原因，在於一度生成的氨會再度分解成氮氣與氫氣的緣故。當氮氣與氫氣反應成氨、以及氨分解成氮氣與氫氣這兩者的速率相同時，就會有氮氣與氫氣殘留下來。這種狀態叫做化學平衡。

　　根據描述化學平衡的勒沙特列原理，要想盡可能得到最多的氨，就必須把溫度降低，壓力提高，因此後來德國的哈柏與波希把壓力提高到200大氣壓，並且在500～600℃下（溫度太低的話，反應速度會變慢而不經濟）以鐵鋁為觸媒，成功地開發出氨的工業量產技術。量產的過程中雖然遇到了許多阻礙，但最後還是成功由一九一三年起展開工業化生產，可日產十萬噸的氨。柏林達勒姆研究院的哈柏墓碑上，就刻有墓誌銘為：「從空氣中製作出麵包者」（譯注：氨製造出的化學肥料可縮短栽種農作的時程，大幅增加糧食產量。目前全世界產出的合成氨中約有八成是拿來製作化肥）。

　　有許多生活中的現象和化學平衡很相似，例如食鹽溶在水中時，超過某個量以上就無法再繼續溶解，這是因為食鹽溶到水中的速度以及溶解在水中的食鹽再度形成食鹽結晶的速率一樣的緣故。這種狀態

稱為溶解平衡。

　　另外如果在寶特瓶裡裝進少量的水，蓋上蓋子以後，水就不會再蒸發，因為瓶子裡水蒸發的速率和水蒸氣凝結成水的速率相同。這種情形稱為相平衡，意指液相的水與氣相的水蒸氣達成了平衡狀態。

化學平衡的原理

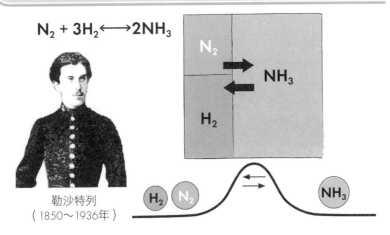

$$N_2 + 3H_2 \longleftrightarrow 2NH_3$$

N₂

H₂

NH₃

H₂　N₂　　　　　　NH₃

勒沙特列
（1850～1936年）

各種不同的平衡狀態

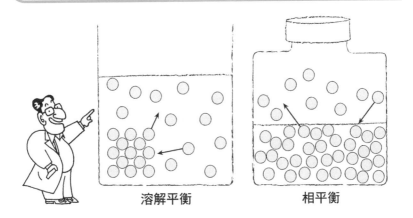

溶解平衡　　　　　相平衡

4 水垢是有害的嗎？
造成水垢的原因是離子

　　水壺或是電熱水瓶在長時間使用後，會漸漸在底部形成白色的污垢，這些污垢是由水中的離子所造成的。一般的飲用水都來自河水、湖水或是地下水，所以會含有從岩石或是黏土所溶解出來的鈣離子Ca^{2+}等礦物質；另外當水和空氣接觸時，也會因二氧化碳溶到水中而形成碳酸氫離子HCO_3^-。這些離子就是產生水垢的原因。

　　當水受熱時，裡頭的碳酸氫離子會轉變成碳酸離子CO_3^{2-}。離子本身雖然很容易溶於水，但是當某些陽離子和陰離子碰在一起時，會產生難溶於水的化合物，鈣離子Ca^{2+}和碳酸離子就是其中一種組合。這兩種離子無法同時大量地存在水中，而會結合成不溶於水的固體碳酸鈣，這正是累積在水壺或熱水瓶底部那些水垢的主要成分。碳酸鈣也是貝殼或是蛋殼的主要成分，對人體無害。如果想去除這些水垢，可以在水壺中裝水並加入二分之一至一杯的食用醋煮沸就可以。酸能夠把碳酸鈣溶掉，因此可藉由這種方法來去除水垢。

　　在浴室裡，由於水並未被煮沸，所以產生的碳酸離子較少。但是瓷磚或是浴缸上的水蒸發掉而使水中離子的濃度提高後，就會讓某些特定的陽離子與陰離子無法繼續共存於水溶液中，而析出碳酸鈣、碳酸鎂、硫酸鈣、硫酸鎂、矽酸鈣以及矽酸鎂等固態物質。

　　一般附著在浴缸上的水垢主要是由皮脂等物質和上述的化合物所混合而成；至於水桶或鏡子上的水垢，則含有金屬皂類（香皂和鈣離子等金屬離子結合產生的固態物質）或洗髮精等成分。當浴室裡產生這類水垢時，可以用抹布沾醋來擦拭看看；而鏡子上的頑強水垢，可以用紙巾沾滿醋敷滿整面鏡子，再覆蓋上保鮮膜放置一段時間後，以清潔劑或牙膏來擦洗。

　　水垢的成分會隨著各地的水質、用水環境以及存活在水中的微生物等不同而有所差異。但是無論如何，產生水垢的最主要原因還是水中所含的離子。

水壺裡的水垢主要成分為碳酸鈣

水中的碳酸離子CO_3^{2-}和鈣離子Ca^{2+}結合後會產生碳酸鈣$CaCO_3$

水壺

CO_3^{2-} Ca^{2+} Ca^{2+} CO_3^{2-} CO_3^{2-} Ca^{2+} $CaCO_3$

浴室裡的水垢可用醋來擦拭

鏡子

用醋來擦擦看

水桶

海水中的陽離子與陰離子
酸的作用

提到酸，一般可能會先想到鹽酸、硫酸或硝酸等可以把許多東西溶解的危險物質，但是酸裡頭也包含了醋酸以及碳酸等可以飲用的東西。事實上，關於什麼是酸、什麼是鹼並沒有定義得非常地清楚，但一般來說，大部分的酸溶到水中後都會產生水合氫離子H_3O^+，而鹼溶在水中後則會產生羥離子OH^-。其中鹼金屬鹽類就是易溶於水的強鹼。

此外，像日本三宅島那樣的火山會噴發出含帶二氧化硫等物質的酸性氣體，而二氧化硫會在空氣中進一步氧化成為三氧化硫，三氧化硫溶於水後就變成硫酸。地球在四十六億年前誕生時，大氣中的酸性氣體濃度遠遠高於今日，鹹鹹的海水就是這些氣體所造成的。

地球是由許多圍繞著太陽的微行星經由不斷地碰撞與黏合所形成。碰撞時產生的熱把地表變得非常地灼熱，熔化了岩石，使得其中的水蒸氣及二氧化碳等氣體噴出而形成原始的大氣。地球的溫度下降後，水蒸氣凝結成水滴形成了雲，氯化氫與二氧化硫等氣體則溶到了這些水滴中形成鹽酸與硫酸，因此當時從天空中降下的都是高溫的酸雨。這些酸雨積聚成原始的海洋，強酸性的海水溶解了周遭的岩石，使得海水中充滿各式各樣的離子。無法同時存在水中的陽離子與陰離子形成了沉澱物沉到海底，不易沉澱的離子則留存下來成為今日海水的成分。海水中除了約2.7%的食鹽之外，還含有氯化鎂、硫酸鎂以及硫酸鈣等鹽類。其中的鈉、鈣、鎂等陽離子來自於岩石，而氯離子與硫酸離子等陰離子則來自於酸雨。

金星雖然也擁有厚實的大氣，但95%以上都是由二氧化碳所組成，只含有非常少量的水蒸氣。漂浮在金星上空的濃密雲層是由濃硫酸所形成，與地球是由水或冰所組成的並不同。由於金星表面的溫度太高，雨在降下的途中就已經分解而無法到達地表，只會不斷地在雲層中循環。

位於這些厚實雲層下方既不會降雨也不會放晴的地方，是起伏有致、滿布岩石肌理的寬闊大地。或許地球誕生之初就是這個模樣。

酸會產生水合氫離子，鹼會產生羥離子

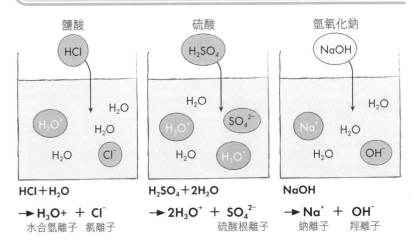

鹽酸

HCl

H_2O
H_3O^+ H_2O
H_2O Cl^-

$HCl + H_2O$

$\rightarrow H_3O+ + Cl^-$
水合氫離子 氯離子

硫酸

H_2SO_4

H_2O
H_3O^+ SO_4^{2-}
H_2O H_3O^+

$H_2SO_4 + 2H_2O$

$\rightarrow 2H_3O^+ + SO_4^{2-}$
硫酸根離子

氫氧化鈉

$NaOH$

H_2O
Na^+ H_2O
H_2O OH^-

$NaOH$

$\rightarrow Na^+ + OH^-$
鈉離子 羥離子

海水為什麼是鹹的

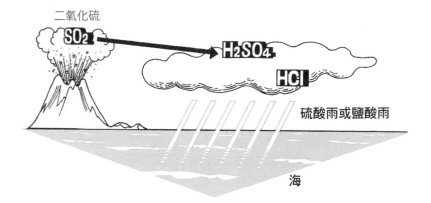

二氧化硫

SO_2 H_2SO_4

HCl

硫酸雨或鹽酸雨

海

6 鹼比酸更危險
酸、鹼與人體

　　我們的身體會合成各式各樣的酸，而這些酸擔負著許多重要的任務。

　　首先是胃酸。胃酸的成分是鹽酸，可以讓胃保持在強酸的環境下，使得用來分解蛋白質的胃蛋白酶能順利地運作。胃部消化之後的食物帶有很強的酸性，會慢慢地被送到十二指腸，在運送過程中被鹼性的胰液中和後，再被送到小腸和大腸。

　　腸道中有許多腸內細菌。成人的體內大約棲息著重達一‧五公斤的細菌，這些細菌大致上可以分成三類。第一類是乳酸菌等好菌，第二類是會引發各式疾病甚至是癌症的壞菌，最後一類是中性菌，當體內的好菌多時會傾向做好菌，壞菌多時就會變成壞菌。當我們的身體健康時，活躍的乳酸菌會讓腸道呈酸性，抑制壞菌的成長；但是當便秘或是壓力使得腸道內呈鹼性時，壞菌的勢力就會取得上風。

　　皮膚會分泌油脂，而這便是細菌的營養來源。細菌所產生的酸性物質會使皮膚呈弱酸性，以抑制雜菌的繁殖。女性的陰道中也有乳酸菌，其所形成的酸性環境能夠抑制雜菌

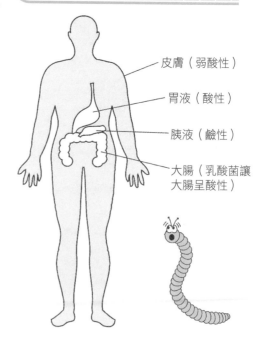

身體裡的酸性和鹼性

皮膚（弱酸性）

胃液（酸性）

胰液（鹼性）

大腸（乳酸菌讓大腸呈酸性）

或病原菌的繁殖。不過，最近太過講究乾淨的年輕女性愈來愈多，有時會使用強力的清洗劑過度清潔陰部而造成陰道內的乳酸菌減少，反而使得雜菌繁殖而引起陰部發炎。

那麼鹼呢？從商家推出了各種弱鹼性的香皂或是鹼離子水等廣告看來，鹼好像是對身體有益的物質。不過，強鹼其實是非常危險的東西，對於蛋白質的溶解力其實比酸還要更強。我們的皮膚以及眼球表面的角膜都是蛋白質所構成的，一旦碰觸到強鹼就會被溶解，因此在使用強鹼性的含氯漂白劑時要特別地小心。

另外，萬一幼兒不小心吞食鈕扣型鹼性電池時，也非常地危險。如果電池的金屬外殼被胃酸溶解，電池裡流出的氫氧化鉀強鹼性溶液會腐蝕胃壁而引起嚴重的內出血。

蛋白質會溶於鹼

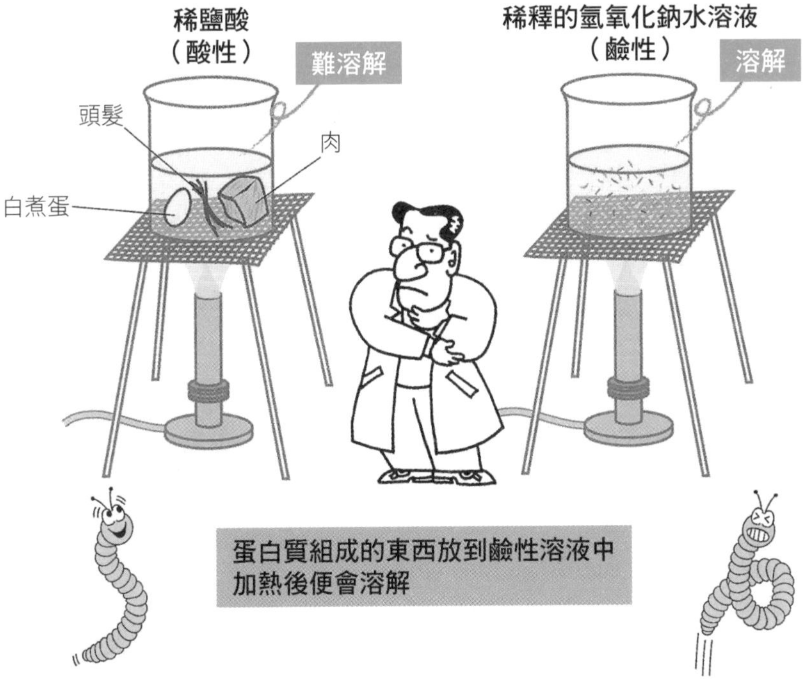

稀鹽酸
（酸性）　難溶解

稀釋的氫氧化鈉水溶液
（鹼性）　溶解

頭髮

肉

白煮蛋

蛋白質組成的東西放到鹼性溶液中加熱後便會溶解

7 pH值差1，強度就差10倍
體內中和反應的關鍵在於二氧化碳

　　雖然最近比較少人在提，不過之前有段時間很流行把食物分成酸性和鹼性，主張兩者要均衡地攝取。肉或蛋裡頭含有許多的硫、磷、氯等元素，而蔬菜裡頭則有豐富的鉀、鎂、鈣等元素。

　　通常硫或磷等非金屬元素的氧化物會呈酸性，而鉀或鎂等金屬元素的氧化物則呈鹼性。由於人體內大多數的物質都會與氧形成鍵結，因此肉或蛋等就被歸類為酸性食物，而蔬菜等則被歸類為鹼性食物。有人認為如果攝取了太多酸性食物，體質就會酸化，因此必須多食用一些鹼性食物來加以中和。

　　但是，其實人體本身就具有將體液與血液維持在pH值7.4左右的弱鹼性機制。所謂的「pH值」是用來標示酸鹼性的數值，pH值為7.0時是中性，數值比7.0愈大表示鹼性愈強，數值比7.0愈小則表示酸性愈強。而酸鹼性的強度又是由溶液中所含的氫離子（H^+）濃度來決定，H^+離子濃度愈高時酸性愈強，濃度愈低時則鹼性愈強。此外，H^+離子的濃度可以用「10^{-x} mol／l」的形式來標示，其中的x指的就是pH值，因此pH值的數值差1時，實際上就表示強度相差了10倍那麼多。

　　為了研究持續吃肉是不是真的會讓體質呈現酸性，有人曾經進行過實驗，讓受測者連續數日服用相當於一公斤牛肉含酸量的藥物，結果發現酸性最高的受測者pH值還是維持在7.35的正常範圍內，而且當第三天腎臟習慣了這些酸以後，pH值就會回復到了原先的數值。因此，要多吃蔬菜並不是為了調整身體的pH值，最重要的考量還是要能均衡地攝取各種營養素。

　　身體在維持體內的pH值時，二氧化碳扮演了重要的角色，會溶於水中變成碳酸而產生氫離子H^+。以血液來說，當其中的羥離子OH^-增加時會偏鹼性，而由於H^+與OH^-無法大量地共存，兩者就會結合成水以及產生碳酸氫離子。血液就是藉由這樣的中和反應得以回復到原本

的pH值。此外，血液還擁有另一個中和反應機制，即是當血液偏酸性時，碳酸氫離子會和多餘的H^+產生反應使H^+的量減少，讓血液的pH值能維持在一定的範圍。不過，維持血液pH值的機制事實上非常地複雜，還有些反應牽涉到磷酸離子以及血紅素等。

體內維持酸鹼平衡的機制

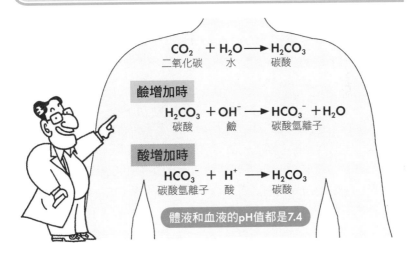

$$CO_2 + H_2O \longrightarrow H_2CO_3$$
二氧化碳　　水　　　碳酸

鹼增加時

$$H_2CO_3 + OH^- \longrightarrow HCO_3^- + H_2O$$
碳酸　　　鹼　　　碳酸氫離子

酸增加時

$$HCO_3^- + H^+ \longrightarrow H_2CO_3$$
碳酸氫離子　酸　　　碳酸

體液和血液的pH值都是7.4

中和反應

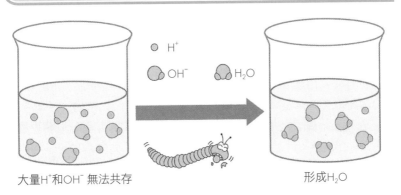

H^+

OH^-　　H_2O

大量H^+和OH^-無法共存　　　　　　　　形成H_2O

8 酸雨的成因
硫氧化物與氮氧化物

在日本，從最北的北海道至最南的沖繩雨水pH值大概都是5.0左右。由於空氣中原本就含有二氧化碳，將這些二氧化碳計算進去的話，雨水的pH值應該是5.6，所以只要數值比5.6低的就是酸雨。雖然火山噴發等現象也會造成pH值很低的降雨，不過所謂酸雨主要是指因人為因素而酸化的雨水（譯注：在台灣根據環保署pH值小於5才算是酸雨。台北一年的降雨中約有九成pH值小於5.6，七成五pH值小於5）。

酸雨是空氣中的硫氧化物（二氧化硫或三氧化硫）或氮氧化物（一氧化氮或二氧化氮）所造成，前者是由石油或煤裡面含有的硫燃燒後所形成，後者則是汽車引擎或鍋爐把空氣加熱到高溫而形成。這些氧化物溶到雨水中會變成硫酸與硝酸，便造成了酸雨。

在日本並不常見岩石裸露的地貌，因此酸雨多半會先滲到土壤中。形成土壤的粒子帶有負電，會和周圍的鈉離子或鉀離子等陽離子形成鍵結，接著再被植物吸收為養分。但是，酸雨中的氫離子會和土壤粒子形成鍵結，而把營養離子趕走。這種把原本的離子取代掉的化學反應稱為「離子交換」。造成離子交換的結果，滲到土壤中的雨水酸性會減弱，而土壤則會被酸化。

當酸雨不斷地持續，最後土壤中所含的鋁離子就會被溶出來。鋁離子會破壞植物的根，因此一旦演變到這地步，損害就會更加嚴重，像在歐美就曾有大範圍的森林因為酸雨而枯死，並且造成生態系的改變。酸雨在日本造成的災害較輕微，有一說是土壤或樹種不同的緣故，但實際原因仍有待釐清。

氮氧化物或硫氧化物即使沒有溶在雨水中，也會造成不好的影響。在這些氣體含量濃度高的地區，罹患慢性支氣管炎與氣喘等呼吸道疾病的人數都會增加。此外，這些氣體在夏季的強烈日照下會形成有害的氧化物，而產生光化學煙霧（譯注：光化學煙霧對人體有刺激性而會產生眼紅流淚、咳嗽、氣喘甚至噁心等症狀，長期下來會損害

呼吸道及肺部功能）。

日本的企業現在已不像過去一樣會排放汙染空氣的氣體，但隨著中國大陸的經濟發展，其有害物質的排放量不斷增加，並隨著偏西風飄到了日本，使得西日本的光化學煙霧發生頻率愈來愈高。或許日本的空污防治經驗也可以讓中國做為借鏡。

酸雨的成因

酸雨對土壤的影響

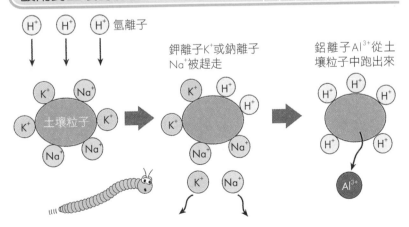

9 丙烷比自來瓦斯更易發生爆炸意外

桶裝瓦斯較快達到爆炸界限

　　使用瓦斯最怕的就是遇到爆炸意外。家用的瓦斯可以分成桶裝瓦斯和自來瓦斯，其中桶裝瓦斯比自來瓦斯更容易發生爆炸事故。

　　根據日本消防廳的統計，二〇〇六年日本使用自來瓦斯的家庭占47%，使用桶裝瓦斯的家庭則占53%，而桶裝瓦斯造成的爆炸起火事故有一百四十五件，是自來瓦斯六十八件的兩倍多。為什麼會這樣呢？

　　自來瓦斯的主要成分為天然氣，是累積在海底的浮游植物殘骸在長時間的地熱與壓力下所分解而成，主要成分是含一個碳原子的碳氫化合物甲烷。而桶裝瓦斯中的液化石油氣則是油田或氣田的油氣與天然氣混合而成，主要成分是含三個碳原子的丙烷，經加壓液化後儲存在鋼瓶中以供家庭使用。

　　瓦斯外洩時若碰到火花很容易就會爆炸引起火災，但瓦斯在空氣中的濃度無論太稀或太濃都不會產生爆炸，而會引發爆炸的濃度範圍則稱為爆炸界限。以氫氣為例，其爆炸界限範圍很廣，在4～74%之間，因此只要有少許氫氣進入到空氣中、或反過來有少許空氣進入到氫氣當中，一接觸到火花就會引起爆炸。而自來瓦斯的爆炸界限是5～14%，桶裝瓦斯的爆炸界限則是2～10%，兩者的爆炸區間都十分地狹窄，這也是為什麼外洩的瓦斯太稀或太濃時均不會產生爆炸，比氫氣來得安全。

　　不過，桶裝瓦斯的爆炸界限和自來瓦斯相比之下較偏低，因此假設廚房發生瓦斯外洩，桶裝瓦斯會比較快達到爆炸界限，當瓦斯洩漏的濃度超過2%時，就會被火花引燃而產生爆炸。再加上桶裝瓦斯的主要成分丙烷（分子量44）是空氣（平均分子量29）的1.5倍重，所以外漏的瓦斯會往下沿著地板擴散，很容易就累積在房間的角落，而更快到達爆炸界限。

　　另一方面，自來瓦斯的主要成分甲烷的分子量是16，只有空氣的一半左右，因此外漏時會往上沿著天花板擴散。一般來說瓦斯爐與地

板的距離會比與天花板之間的距離近，因此瓦斯到達天花板所花費的時間較長，而且平坦的天花板也比放置了家具的地板空曠許多。這些因素都讓甲烷到達爆炸界限的時間拉得比丙烷長，多出的時間提高了人們發現瓦斯外洩的機率，較有利於防止事故發生。

即使如此，自來瓦斯在條件齊備時還是會發生爆炸，因此不管使用哪一種瓦斯都必須要小心謹慎才行。

桶裝瓦斯與自來瓦斯的性質

	桶裝瓦斯（LPG）	自來瓦斯（LNG）
主要成分	丙烷（C_3H_8）	甲烷（CH_4）
比重（空氣＝1）	1.5（較重）	0.7（較輕）
爆炸界限	2～10%	5～14%
供應方式	瓦斯桶	地下管路

瓦斯外洩警報器的位置

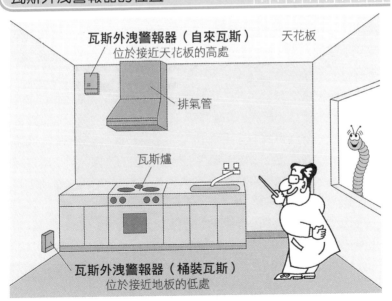

瓦斯外洩警報器（自來瓦斯）
位於接近天花板的高處

天花板

排氣管

瓦斯爐

瓦斯外洩警報器（桶裝瓦斯）
位於接近地板的低處

10 鐵砂是鐵嗎？
氧化還原反應

　　很多人可能有過利用磁鐵從砂子裡收集鐵砂的經驗。鐵砂雖然會被磁鐵吸引，但其實這是一種叫做四氧化三鐵的鐵氧化合物（亦即鐵鏽的一種），並不是鐵。磁鐵礦的成分也是四氧化三鐵，如果要從鐵砂或磁鐵礦等鐵礦石中取得鐵，必須先把其中的氧拿走（還原）才行。由於各個元素和氧之間的鍵結能力不同，因此還原時也可以利用這樣的化學特性。碳和鐵之間的鍵結能力比氧和鐵之間的鍵結能力強，可以把和鐵形成鍵結的氧原子拔掉，因此可以用木炭或是石炭來煉製鐵。

　　日本過去有一種叫做「踏鞴」的製鐵方法，如同右頁上方圖解所示，這種製鐵法會搭起一座煉爐，將鐵砂與木炭交互置入爐中，然後以風箱將風從送風口打進煉爐裡來煉製鐵。木炭燃燒所產生的一氧化碳會奪走鐵砂中的氧而成為二氧化碳，鐵砂則被還原成鐵。踏鞴製鐵的特徵是煉爐的溫度並不高，因此生產出來的鐵容易仍混有原料中的硫或磷，不過幸好日本能夠採到品質良好的鐵砂。此外，踏鞴製鐵需要用到大量的木炭，因此必須砍伐大量的森林，而亞洲的季風氣候正好讓森林能夠擁有很強的再生能力，才讓這種技術得以發展。

　　至於西歐則是在十四世紀時開發出鼓風爐，可以加熱到非常高的溫度，所以即使是不純物含量高的鐵礦石也能拿來當做原料。鼓風爐還利用石炭乾燒所得到的焦炭來取代木炭，解決了木材不足的問題。另外，雖然碳在高溫下會溶到鐵中而形成質脆的生鐵，但只要在轉爐中打入氧氣，就可以把溶在鐵中的碳燒掉，這樣就能夠大量地生產出柔軟而強韌的鋼（含碳量少的鐵）。

　　現代在煉鐵過程中所排放的二氧化碳已經成為嚴重的環境議題。為了解決這個問題，有許多對策都在研究當中，包括了以氫來還原鐵礦石，因為氫與氧的鍵結能力比鐵的更強，以及將鼓風爐所產生的一

氧化碳回收循環（譯注：回收的一氧化碳可以做為燃料）、把煉鐵過程中產生的二氧化碳收集起來貯藏於地底等等。

踏鞴製鐵

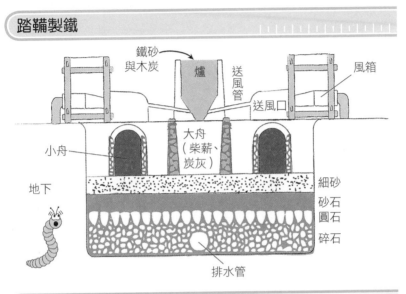

鼓風爐煉鐵與轉爐

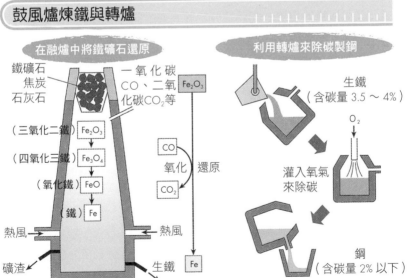

在融爐中將鐵礦石還原

鐵礦石
焦炭
石灰石

一氧化碳 CO、二氧化碳 CO_2 等　Fe_2O_3

（三氧化二鐵）Fe_2O_3
（四氧化三鐵）Fe_3O_4
（氧化鐵）FeO
（鐵）Fe

CO
氧化　還原
CO_2

熱風　　　　熱風
礦渣　　　　生鐵　Fe

利用轉爐來除碳製鋼

生鐵
（含碳量 3.5 ～ 4%）

O_2

灌入氧氣來除碳

鋼
（含碳量 2% 以下）

11 氧化還原反應不一定牽涉到氧

氧化還原的定義

　　許多人可能會以為所謂氧化就是意指和氧原子產生化合反應,而還原就是將氧原子給奪走。但如果更詳細地探究氧化還原反應的過程,就可以發現其真正的本質不只如此。

　　舉例來說,鐵和氧反應以後會產生氧化鐵(二價)。鐵是由許多的鐵原子(每個鐵原子含有26個質子與26個電子)金屬鍵結而成,氧分子則是由兩個氧原子(每個氧原子有8個質子與8個電子)共價鍵結而成的分子,當他們變成氧化鐵(二價)時,鐵原子會放出2個電子,氧原子則取得2個電子,因此鐵原子會變成二價的鐵離子(26個質子與24個電子),氧原子則變成氧離子(8個質子與10個電子)(譯注:價數即是看離子帶幾個電荷)。由此可知,當氧化還原反應發生時,一定伴隨著電子的提供與取得,其中釋出電子者稱為「還原劑」,取得電子者則稱為「氧化劑」。

　　根據這樣的定義,則鋅溶解於稀硫酸的同時一面產生出氫氣的情況,也是一種氧化還原反應,因為在這個反應裡,鋅原子釋出了電子、而氫離子則得到了電子。

　　如果其中一方會釋出電子、另一方會取得電子,那麼將氧化側與還原側隔開,再以電線將兩者連接起來就會變成電池。事實上,最早的伏特電池就是利用鋅與稀硫酸之間的反應原理。伏特電池是由浸泡在稀硫酸中的鋅板和銅板所構成,其中鋅溶於稀硫酸,銅則不溶於稀硫酸。當鋅放出電子並溶到稀硫酸裡時,留在鋅板上的電子會成為自由電子而經由回路流向銅板,硫酸溶液中的氫離子再由銅板取得電子。電子就是藉由這樣的原理產生流動。

　　伏特電池產生氫氣時會消耗電力,造成發電力快速地衰退,而且伏特電池使用的是溶液,因此也不好搬運。後世經過了許多努力,逐一克服這些缺點後,才有了現在的乾電池、可進行充電的鉛蓄電池與鋰電池等。

電子的授受轉換

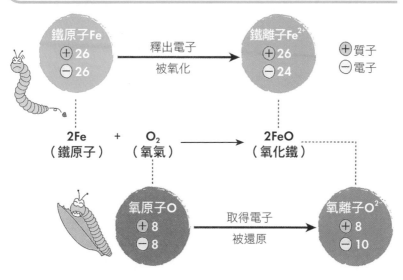

2Fe + O₂ → 2FeO
（鐵原子）（氧氣）（氧化鐵）

利用氧化還原反應的伏特電池

伏特
（1745～1827年）

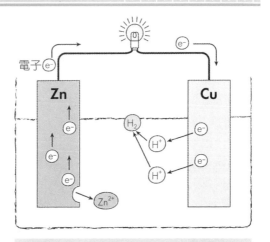

鋅原子Zn → 鋅離子Zn^{2+} + 2e^- （釋出電子）
氫離子2H^+ + 2e^- → 氫氣H_2 （取得電子）

12 電解煉鋁

鋁一度被稱為「取自黏土的銀」

　　有益健康的鹼離子水是將水加以電解後所產生的。在水中插入電極通電後，電子會從陰極跑到自來水裡，自來水當中雖然有鈣與鈉等金屬離子，但這些離子不易產生化學變化，因此電子會和水分子反應生成氫氣H_2和羥離子OH^-。而在陽極，水的電子則會被奪走而產生氧氣O_2與氫離子H^+。因此，在陰極附近的水會變成鹼離子水，而陽極附近的水則成為酸性的水。

　　根據日本的《藥事法》，鹼離子水可以改善慢性下痢、消化不良或腸內異常發酵等症狀，具有制酸的效用，但無法讓酸性體質回復到鹼性狀態或是去除體內的活性氧（參見132頁，體內活性氧過多易引起老化、癌症、糖尿病、動脈硬化等疾病）。

　　電解在工業上的應用也十分廣泛，例如鋁的精煉。鋁的原料是鋁土礦，主成分為氧化鋁，因此只要把氧拿走就可以得到鋁。但是，如果要像煉鐵一樣把鋁土礦和石炭或木炭攪拌在一起加熱的話，並無法拿走氧化鋁的氧，因為鋁和氧的鍵結能力比碳更強。此外，即使用酸把氧化鋁溶在水溶液中進行電解也無法得到鋁，因為鋁離子Al^{3+}在電解時十分穩定不易產生變化，因此電解的結果只會讓陰極的電子跑到水分子去，而無法讓鋁離子因獲得電子而變成鋁Al。

　　所以，唯一的方法就是把氧化鋁加熱到高溫使其熔化，再利用電解來取得鋁。但是，氧化鋁的熔點高達2000℃，要加熱到這麼高的溫度並不容易。

　　兩位名叫赫洛與荷爾的化學家解決了這個問題，他們在一八八六年把冰晶石和氧化鋁混合在一起，成功地將氧化鋁的熔點降低到1000℃，使得鋁的量產變得可能。

　　在赫洛與荷爾發現這項做法之前，鋁的身價是和金、銀一樣同為貴重金屬，一八五五年在巴黎舉辦的萬國博覽會就曾經以「取自黏土的銀」為標題來展示鋁棒，吸引了大批參觀人潮。當時日本江戶幕府

的使者也看到了這項展覽，並把「有種名為鋁的金屬，質輕且高價」的驚人消息帶回了日本。

另外，據說拿破崙三世的上衣鈕扣及其皇太子的玩具都是用鋁製作的，而晚宴上招待一般的客人時用的是金或銀製的餐具，只有招待特別的客人時才會使用鋁製餐具。

經電解產生的鹼離子水

陰極 電子 e⁻   e⁻← **陽極**

$2H_2O + 2e^- \rightarrow H_2 + 2OH^-$ 鹼性 $2H_2O \rightarrow 4H^+ + O_2 + 4e^-$

煉製鋁的方法

氧化鋁 Al_2O_3 無法利用碳C 還原成鋁 Al

以熔融電解法來生成鋁

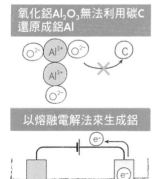

在水溶液裡電子會跑到水分子 H_2O 上

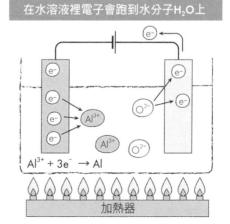

$Al^{3+} + 3e^- \rightarrow Al$

加熱器

13 燃料電池與電力革命

燃料電池效率可達60～80%，而且沒有輸送電的損失

　　氫氣或是酒精在燃燒時（與氧氣進行反應）會發出光和熱，燃料電池的目的就是要設法將這些能量直接轉換成電能。舉例來說，使用氫氣的燃料電池，其應用原理是氫氣會在負極變成氫離子而放出電子，其中氫離子會通過一層電解質而移動到正極，電子則是經由電路移動到正極，接著氫離子與電子會和氧氣形成水。

　　這種方式使燃料電池能夠把氫氣等燃料擁有的能量直接轉換成電能，因此其轉換效率可達60%。如果進一步把燃料電池排放的廢熱利用到燒製熱水的鍋爐上的話（稱為「汽電共生」）（譯注：意即將發電產生的廢熱用於工業製造、或利用工業製造產生的廢熱來發電，以提高能量的使用效率。電池排放的廢熱可以用來加熱鍋爐產生蒸氣，以推動渦輪發電），其效率甚至可達80%。但不管是火力發電廠或核能發電廠都是以間接的方式先將能量轉變成熱，再用熱來產生水蒸氣以推動發電機，因此火力發電的效率大約只有40%，核能發電則只有約30%。至於用過就丟的乾電池，其效率頂多只有1%。

　　由於核電廠會產生有害的放射性廢棄物、火力發電廠會造成空氣污染，如果燃料電池能普及到各個家庭的話，就可以有助於大幅減少這些發電廠的數量。此外，少了遠距離的電力輸送，更可以節省輸送過程中的電力損失（約9%），而發電廠也不那麼容易成為戰爭或是恐怖分子的目標，更不會因為地震等災害時造成發電廠故障而引發大規模的停電。

　　不過，目前的燃料電池還有許多必須克服的問題。首先是使用的觸媒為價格高昂的白金，因此家庭用的燃料電池價格不斐，燃料電池汽車的造價更是高達一億日元。要讓燃料電池能夠普及化，除了要能大幅減少白金用量外，還必須搭配針對購買施行的補助制度才行。另外，要如何產生氫氣也是個大問題。目前主要是利用天然氣或石油的

重組來產生氫氣（譯注：例如在催化劑的幫助下讓天然氣中的甲烷與水進行反應，就會產生一氧化碳與氫氣），但這些燃料裡的碳會變成二氧化碳，因此並不是真正乾淨的能源。如果能夠以太陽能取代化石燃料或是核能，將水電解以產生氫氣的話是最理想的方式，但在這之前還有很長的一段路要走。

燃料電池的原理

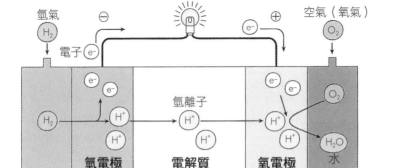

家用燃料電池的想像圖

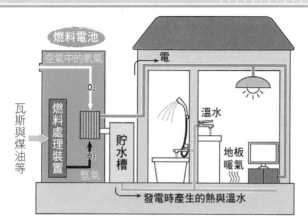

懷爐是日本人的發明

隨時代而變的觸媒

懷爐並不是從海外傳來的洋貨,而是日本人的發明,井原西鶴所著作、於元祿七年(一六九四年)出版的《西鶴織留》中就記載了發明的始末。根據《西鶴織留》,有個住在大阪郊外名為林勘兵衛的人,無意中發現前晚灶裡茄子和睫穗蓼的小枝所燃燒的火,到了翌日早晨並沒有熄掉。他覺得這個發現應該會有些用處,而到江戶把茄子和睫穗蓼燒成的炭灰裝到銅製的容器中做成懷爐來販賣,結果賺了一大筆錢。

所謂的炭灰是植物燃燒後留下的粉末,其實就是木炭粉。由於懷爐是用布包起來放在懷裡使用,因此裡面的燃料必須要能在氧氣稀少的情況下長時間燃燒。木炭為多孔材質(有許多微小的孔洞),擁有很大的表面積,可以吸附大量的氧分子,而植物中的鉀所形成的碳酸鉀則可以做為燃燒時的觸媒,因此木炭很適合用來製作懷爐。附帶一提,如果把煙灰(其中也含有碳酸鉀)抹在方糖上,點了火之後方糖就會起火燃燒。

一九二〇年,日本發明了白金懷爐。這種懷爐是把浸泡了輕油精的棉放進金屬製的容器中,並在點火口使用了少量的白金。由於白金可以當做燃燒反應的觸媒,因此這種懷爐即使在氧氣稀少的狀況下火也不會熄滅。

到了近年,更出現了使用鐵粉的可拋棄式暖暖包,利用的是鐵和氧氣或者水反應生成鐵鏽時會發熱的原理,為了讓鐵在袋子裡快速地生鏽,而使用食鹽水和活性碳來做為觸媒。暖暖包也是日本人所發明,原本是要研究如何去除零食包裝袋裡的氧氣,而無意中開發出來。暖暖包不需要點火,價格又便宜,所以成為熱賣商品,在日本光一個冬季就可以賣出十億個。不過因為用完即丟,所產生的垃圾量也一樣地驚人。

第**5**章

與人類生活
息息相關的
有機化合物

1 從化學結構式看石油的成分

石油的主成分是碳氫化合物

有機化學工業最重要的原料就是石油,其主要成分是由碳C與氫H所形成的碳氫化合物。碳原子的最外層有四個電子,氫原子則有一個電子,他們之間可以藉由共用彼此的電子而結合在一起(即各提供一個電子形成共價鍵)。結構上最單純的碳氫化合物就是天然氣中的甲烷。

如果於兩個結合在一起的電子之間使用一條直線來表示其所形成的共價鍵,這種表現方式就叫做結構式,在有機化學中經常會使用到。

以乙烷分子為例,其組成方式為兩個碳原子之間形成鍵結、並且四周再與氫原子形成鍵結(參見右頁圖解,共有六個氫原子),而當碳原子數有三個時就是丙烷。碳原子可以用這種方式一個個地接上去,至於氫原子數量比乙烷還要少上兩個的乙烯,則是兩個碳原子之間共用了四個電子而形成雙鍵。

從乙烯的結構式來看,把乙烷的氫原子拿掉兩個以後,碳原子就多出兩條代表鍵結的直線,將其連在一起就會形成另一條連結兩個碳原子之間的鍵結(碳─碳鍵),使得碳原子之間的鍵結變成雙鍵。也就是說,這些線條就像是從原子伸出去的「手」般和其他原子連結在一塊。

如果從乙烯中再拿掉兩個氫原子的話,碳原子間就會形成三鍵而變成乙炔。雙鍵和三鍵都屬於不飽和鍵(譯注:這些鍵結還可以再進行反應,與其他原子產生鍵結,所以稱不飽和鍵),而單一直線所表示的鍵結則稱為單鍵。

油田開採出來的原油可依沸點的不同而分離成石油氣、石油腦(粗石油)、煤油、柴油與蒸餘油(重油、瀝青),這就是所謂的分餾。由於碳氫化合物的分子量愈高、沸點就愈高,因此也可以說分餾就是一種把石油當中分子量不同的成分個別分離開來的做法。分餾產物裡的石油腦大約有一半會用來做為有機化學工業的原料,這些原料占原油產量的20%左右,其他的80%都是拿來做為燃料。

　　把石油腦與水蒸氣一起通入特殊的鋼製反應管中，在750～900℃下加熱零點幾秒，石油腦就會分解成乙烯及丙烯。石油腦的成分是碳數5～10的碳氫化合物，高溫加熱後可以把其中的碳─碳鍵（C─C）與碳─氫鍵（C─H）打斷，而得到乙烯及丙烯等有用的中間原料（譯注：乙烯和丙烯等是生產各種工程塑膠、合成樹脂、特用化學品等材料的原料）。

以結構式來表示碳C與氫H的鍵結

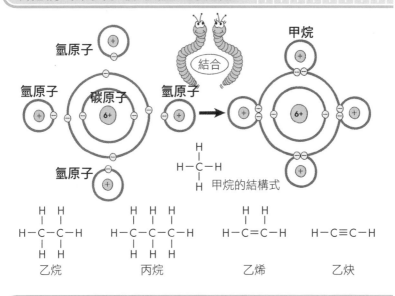

甲烷的結構式

乙烷　　　　丙烷　　　　乙烯　　　　乙炔

原油分餾後得到的主要成分

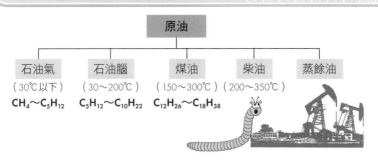

原油				
石油氣	石油腦	煤油	柴油	蒸餘油
（30℃以下）	（30～200℃）	（150～300℃）	（200～350℃）	
CH_4～C_5H_{12}	C_5H_{12}～$C_{10}H_{22}$	$C_{12}H_{26}$～$C_{18}H_{38}$		

2 乙烯的相關化學物
加成反應與取代反應

　　由於乙烯的兩個碳原子之間是雙鍵，因此很容易進行所謂的「加成反應」。雙鍵當中的其中一鍵是由電子雲直接將兩個碳原子連接起來，所以不容易被打斷；但是另一鍵的電子雲則是像三明治一樣把兩個碳原子夾起來，因此一旦受到其他分子的攻擊，很容易就會被打斷。

　　舉例來說，如果以鎳或固體磷酸做觸媒使乙烯與水進行反應，乙烯雙鍵的其中一鍵會斷掉，然後與水產生的—H與—OH形成乙醇。這種不飽和鍵與其他的分子結合在一起的化學變化就叫做加成反應。穀類與葡萄發酵後雖然也會產生乙醇，但是從乙烯製造而來的乙醇更為便宜，因此乙烯所合成的工業用酒精被廣泛地使用在各種用途上。

　　除了水之外，乙烯與其他許多種分子進行加成反應後，也可以得到有用的化合物。例如乙烯與氯反應的話會形成「1,2-二氯乙烷」，1,2-二氯乙烷加熱後就可以得到氯乙烯（聚氯乙烯的原料）。

　　比乙烯多了兩個氫原子的乙烷其反應性較差。乙烷和氯反應後可以形成氯乙烷，但是要引發這個反應必須照光，而且所需的反應時間也很長。在這個反應裡，乙烷的其中一個氫原子會被氯原子所取代，所以稱為取代反應。

　　有機化學裡另一個和乙烯一樣重要的原料是苯。苯是由六個碳所形成的環狀分子，可以用單、雙鍵交錯的結構式來表示，通常這時候會把代表碳原子的C與氫原

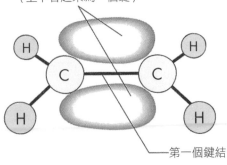

乙烯碳原子間的電子雲

形成第二個鍵結的電子雲
（上下合起來為一個鍵）

H C C H
H H

第一個鍵結

子的H省略掉，只剩下代表單、雙鍵的線條，而稱之為「苯環」。

從結構式來看，苯有三個雙鍵，應該很容易就會產生加成反應才對，但事實上苯比較容易進行取代反應而不易進行加成反應。這是因為實際上苯的雙鍵電子雲會均勻地分散開來把六個碳原子夾在中間，因此苯的六個碳原子間的鍵結並非真正單純的單鍵或雙鍵，而是狀態介於單鍵與雙鍵之間的鍵結。

加成反應與取代反應

乙烯的加成反應

乙醇

$$H-C \neq C-H + H \neq O-H \longrightarrow \left(\begin{array}{c} H \quad H \\ H-C-C-H \\ H- \quad -O-H \end{array} \right) \longrightarrow H-C-C-H$$

打斷

乙烷的取代反應

氯乙烷

$$H-C-C-H + Cl-Cl \longrightarrow H-C-C-Cl + H-Cl$$

苯的取代反應

氯苯

$$\text{（苯）} + Cl-Cl \longrightarrow \text{（氯苯）} + H-Cl$$

❸ 乙烯、丙烯的相關製品
聚乙烯為泛用塑膠的代表

丙烯取自於石油腦，和乙烯一樣都具有雙鍵，因此是重要的中間原料。石化工業就是從這些中間原料製造出各式各樣的化合物，其中產量最多的是塑膠、合成纖維與合成橡膠，三者合計就占了所有石化製品的約75%。塑膠的種類非常多，其中用量最大的是聚乙烯、聚氯乙烯、聚苯乙烯與聚丙烯，這些塑膠通稱為「泛用塑膠」。

聚乙烯（PE）是一種大分子，藉由切斷乙烯雙鍵的其中一個鍵結後，由各個乙烯分子逐一地聚合而成。像這種將許多分子鏈結成大分子的化學變化，就稱為「聚合反應」；而當形成聚合的原理機制為加成反應時，就稱為「加成聚合」。此外，像乙烯這種使用在聚合反應中的小分子稱為「單體」，聚合後所產生的大分子則稱為「高分子」。高分子的英文為「polymer」，其中的「poly」就是「數量多」的意思。

聚乙烯可以分成密度大於0.94 g／cm^3（公克／立方公分）的「高密度聚乙烯」與密度小於0.94 g／cm^{3}的「低密度聚乙烯」。高密度聚乙烯中，由分子規則排列所形成的結晶部分占了62.1%以上，而低密度聚乙烯的結晶部分所占的比例則較低。產生結晶時，由於分子排列密集且分子間作用力強，因此高密度聚

乙烯的加成聚合反應

乙烯

切斷

斷掉的鍵往左右張開，
與相鄰的乙烯產生鍵結

聚乙烯

乙烯的硬度會比較高。此外，結晶的部分與非結晶的部分密度不同，因此光會在這兩者的分界處發生反射與折射，使得高密度聚乙烯呈現不透明狀，而低密度聚乙烯則具有透明性。硬度與耐藥性俱佳的高密度聚乙烯常用來製作洗髮精與漂白器的容器、以及超市的塑膠袋等；低密度聚乙烯則被用來製作紙袋內側的膠膜與透明塑膠袋。

除了聚乙烯之外，泛用塑膠還包括以氯乙烯、苯乙烯及丙烯等單體所加成聚合而成的高分子。其中聚氯乙烯（PVC）通常用來製作農業用的塑膠棚布、水管、塑膠浪板、人工皮革等；聚苯乙烯（PS）通常用來製作內含微小氣泡的發泡材（如保麗龍）；而聚丙烯（PP）通常用來製作車子的保險桿、包裝用的膠膜與膠片等。

各種泛用塑膠的分子結構

塑膠	單體	高分子
聚乙烯	乙烯	
聚氯乙烯	氯乙烯	
聚苯乙烯	苯乙烯	
聚丙烯	丙烯	

4 合成橡膠的彈性比不上天然橡膠

橡膠彈性的關鍵在於硫

天然橡膠的原料是割取橡膠樹液而得的乳膠，將乳膠與醋酸攪拌混合後就會固化成橡膠。乳膠是異戊二烯經由加成聚合而成的高分子，從下方圖解來看，異戊二烯的①和③位置都是碳碳雙鍵（C＝C），當聚合時這兩個雙鍵會斷開與其他分子連接起來，同時在位置②形成碳碳雙鍵。

異戊二烯的加成聚合反應

乳膠混入硫以後，彈性會變得更好，因為硫可以像架橋一般地把長長的橡膠分子連接起來。硫的添加量愈高，橡膠就愈硬，最後會變成像塑膠一樣的硬橡膠，通常可用來製作燈泡底座等電器用品。

橡膠之所以會有彈性，是因為其捲曲在一起的長鏈分子上許多地方都被硫所橋接起來，加上分子中的碳原子會因為熱運動（譯注：自然界中的分子與原子不斷地在進行運動，溫度愈高運動程度愈激烈）而朝向各個方向移動，使得被硫所連接起來的長長分子鏈變得扭曲折疊，造成整體分子鏈的長度變短。這就好像很多小朋友手牽手拉在一起，然後各自往任意方向移動的情況一樣。當分子受到力量拉扯時，折曲的地方會有部分伸長開來，一旦力量鬆開之後，分子又會因為熱運動而再度折曲起來，回復到原本的長度。這就是橡膠彈性的由來。

如果在薄片狀的口香糖上懸掛砝碼使其拉長，再淋上熱水，可以

生橡膠加硫

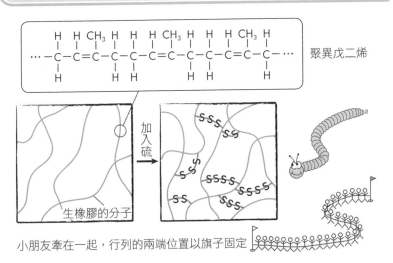

聚異戊二烯

加入硫

生橡膠的分子

小朋友牽在一起，行列的兩端位置以旗子固定

橡膠分子的模樣（概念圖）

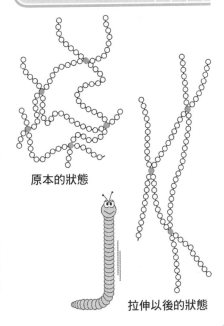

原本的狀態

拉伸以後的狀態

發現口香糖會產生收縮而把砝碼拉起。這是因為熱水會讓熱運動更加活潑，而增加橡膠的彈性。

由於天然橡膠的產量有限，因此就有了合成橡膠的出現，是以類似異戊二烯的1,3-丁二烯與氯丁二烯等分子做為單體所聚合而成。合成橡膠是參考天然橡膠分子所合成出來的產物，但由於分子結構完全不同，因此其性質並不如天然橡膠。

天然橡膠在特性上經振動後所產生的熱量少，再加上重覆使用也不易劣化，因此是製造飛機輪胎時不可或缺的材料。

5 化合物的性質與結構式息息相關

從官能基種類可了解物質特性

有機化合物的種類繁多，其中不少含有氧原子或氮原子。學習有機化學時，很容易被那些聽都沒聽過的化合物搞混，但只要了解有機化合物的結構式與其性質之間擁有深刻關係的話，就可以整理得有條不紊。

舉例來說，比較下方圖解中化合物的結構式與性質，可以看到當中的「—COOH」（羧基）部分帶酸性，而「—NH₂」（胺基）帶鹼性。至於「—CHO」（醛基）部分則具有將其他物質還原的能力（還原力）。所以，蟻酸是一種除了具酸性外還具有還原力的物質。

結構式中，會有像羧基或胺基等這樣特定結構對應到特定性質的情況，而這些特定結構就被稱為官能基。觀察分子的結構時，只要注意其中含有哪些官能基，就可以快速地了解其特性。

此外，結構式中碳C與氫H組成的部分稱為烷基，其長度會影響到分子的溶解性。由於烷基的構造與碳氫化合物相同，因此烷基愈長、分子就愈容易溶在石油等油脂中。

結構式和有機化合物的性質

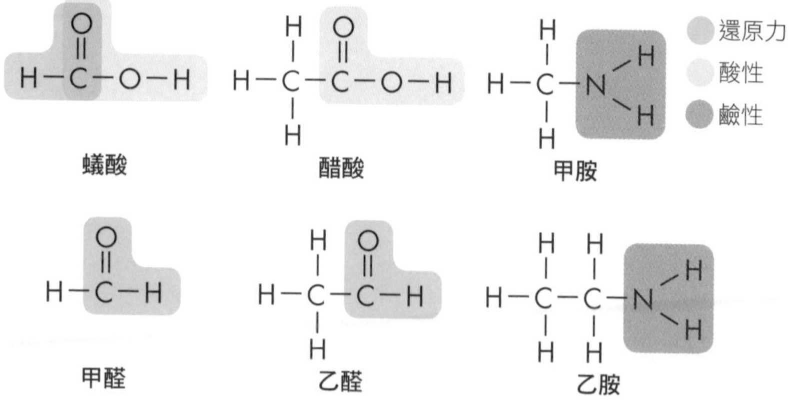

還原力
酸性
鹼性

蟻酸　　　　　醋酸　　　　　甲胺

甲醛　　　　　乙醛　　　　　乙胺

　　另一方面，—OH羥基或—COOH則是易溶於水的官能基。這些官能基裡的氧O對周圍的電子雲有很強的吸引力而帶負電，H則因此電子雲變薄而帶正電，這種性質就叫做極性。水分子也同樣是當中的O帶少許負電、H則帶正電，因此這些官能基很容易與水形成鍵結而溶解。這就是為何甲醇和丁醇同樣是醇類，但甲醇溶於水、不溶於己烷，而丁醇則不溶於水卻溶於己烷的原因（譯注：己烷是一種有機溶劑。甲醇的烷基短因此不溶於有機溶劑但溶於水；丁醇的烷基長因此不溶於水但溶於有機溶劑）。

烷基與極性

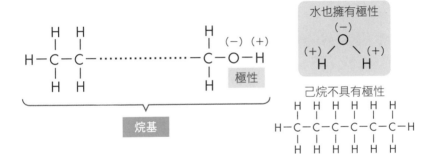

醇類的性質

種類	沸點	溶解性	
		水	己烷
甲醇	65	○	×
乙醇	78	○	○
正丙醇	97	○	○
正丁醇	117	×	○

6 從化學觀點看酒量的好壞
差別在於將乙醛轉化成醋酸的能力

　　人類藉由呼吸來攝取氧氣，而氧氣則擔負著將人體內的各種物質氧化的任務，像是喝酒時吸收到體內的乙醇也會被氧化成乙醛，然後再轉化成醋酸。酒量不好的人就是因為身體無法快速地將乙醛轉化成醋酸，使得體內累積了過量的乙醛，而引起頭痛、臉紅、心跳加快、噁心等讓人不舒服的症狀。

　　右頁第一個圖解是人體將乙醇代謝成乙醛時的反應式。乙醇和氧氣反應後，會去掉兩個氫原子H而變成乙醛，乙醛再繼續氧化後就會成為醋酸。

　　在人體內的化學反應中擔任觸媒角色的是一種叫做酵素的蛋白質，而主要負責將乙醇轉化成乙醛的是一種乙醇脫氫酵素（ADH），每個人的體內都會有。

　　此外，在乙醛轉化成醋酸的反應中擔任觸媒的乙醛脫氫酵素（ALDH）有四種型式，當中負責分解乙醛的主要是第二種（ALDH2），酒量差的人就是因為身體內的這種酵素活性較弱。

　　如果將活性強的 ALDH2 歸類成N型、活性弱的 ALDH2 歸類成D型，則人從父母遺傳而來基因可以分成NN、ND、與DD三種型式。其中，帶有NN型基因的就是酒量好的人；ND型人其 ALDH2 的活性只有NN型人的約十六分之一；DD型人則不只是酒量差而已，而是根本不能喝酒。

　　從基因分析可知，在兩萬五千年到三萬年以前，蒙古人種的祖先因為突變而產生了D型基因，這種基因一直流傳到今天，因此酒量差的人說起來都具有某種血緣關係。至於非蒙古人種的西歐人裡就沒有酒量差的人。

　　另外，一般被用做燃料的甲醇雖然也和酒精乙醇一樣同屬醇類物質，但若拿來喝的話會造成雙眼失明，甚至死亡（譯注：甲醇是工業用酒精，由於價格便宜常被拿來製造假酒）。甲醇在體內氧化後會代

謝成甲醛，再溶於水中就會變成福馬林，這是一種殺菌力很強的劇毒物質。也就是說，喝下甲醇就等於在體內製造福馬林，因此會造成生命的危險。

乙醇的氧化反應與觸媒

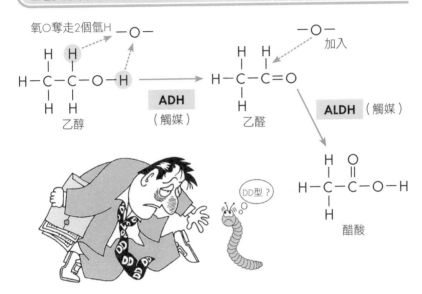

甲醇的氧化反應

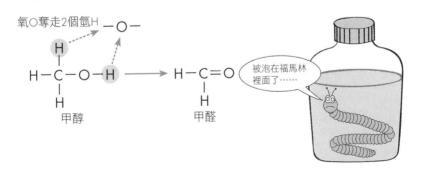

7 什麼是反式脂肪酸？
脂肪酸的順式結構與反式結構

美國的速食業者從幾年前開始就已經停止使用含有反式脂肪酸的食用油（譯注：台灣已有部份速食店停用），因為反式脂肪酸會增加罹患心臟疾病的機率。

食用油的脂肪結構是由一個甘油（一種醇類）加上三個脂肪酸所組成，其中脂肪酸可以分成不具有雙鍵的飽和脂肪酸與含有雙鍵的不飽和脂肪酸。例如DHA（二十二碳六烯酸）就是一種不飽和脂肪酸，結構當中含有二十二個碳與六個雙鍵。

自然界中不飽和脂肪酸的雙鍵大多會形成ㄇ字形的排列，這種排列方式叫做順式結構；如果雙鍵所形成的排列和單鍵一樣呈Z字形時，就稱為反式結構。

不飽和脂肪酸含量高的食用油如玉米油與大豆油等，在常溫下會呈現液態，至於豬油與奶油等固體油脂則大多為飽和脂肪酸。如果在液態油脂的雙鍵處加上氫（稱為氫化），就會變成飽和脂肪酸並且固化，乳瑪琳與起酥油就是將植物油氫化之後的產物。

而在氫化的過程中就會產生反式脂肪酸，因為沒有與氫反應的雙鍵會形成比起順式結構較為安定的反式排列。除此之外，氫化後的油脂會產生一股獨特的臭味，所以必須將其加熱到200℃以上再通入水蒸氣用以脫臭，這個過程中也會產生反式脂肪酸。

美國成人每天所攝取的反式脂肪酸大約是5.8克，日本則是1.3克。WHO（世界衛生組織）在二〇〇三年時曾建議反式脂肪酸的每日攝取量不該超過當日攝取總熱量的1%，不過目前像是日本在反式脂肪酸的使用上尚未有任何規範。

不含雙鍵的飽和脂肪酸

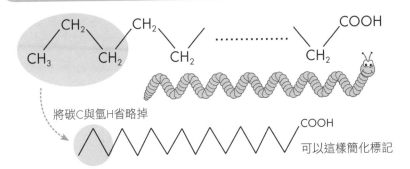

將碳C與氫H省略掉

可以這樣簡化標記

含有雙鍵的不飽和脂肪酸

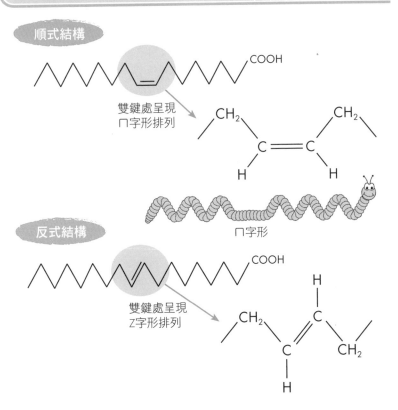

順式結構

雙鍵處呈現
ㄇ字形排列

ㄇ字形

反式結構

雙鍵處呈現
Z字形排列

8 為什麼不能混用洗髮精和潤絲精？

界面活性劑的除污機制

通常洗頭髮的時候會先使用洗髮精、再用潤絲精，有些人可能會覺得實在是很麻煩，難道不能把兩者混在一起使用嗎？不過如果這樣做的話，就會發現洗的時候不但不容易起泡，洗完以後也沒有什麼潤絲的效果，結果還是得要分開使用才行。

洗髮精中含有去除污垢用的界面活性劑（也稱做乳化劑），這是一種性質上部分為親油性（喜歡和油脂在一起）、部分為親水性（喜歡和水在一起）的分子，其中親油性的部分會朝向頭髮的油脂污垢一一排列開來，讓親水性的部分從外面包覆住污垢，如此一來油脂污垢就可以很容易地分散到水中（即變得容易溶解）而去除掉。

潤絲精和洗髮精一樣都是部分親油性、部分親水性的分子，但與洗髮精不同的是，潤絲精的親水端帶的是正電（洗髮精的親水端帶負電，參見右頁圖解）。由於頭髮表面帶的是負電，因此使用潤絲精後其分子會和頭髮產生鍵結，使得頭髮被分子的親油性端包覆起來，就像是用油把一根根的頭髮包裹起來一樣，而能減少頭髮之間的摩擦。

如果混用洗髮精和潤絲精的話，洗髮精的負離子端和潤絲精的正離子端會結合在一起，這樣一來親油性的部分雖然還是會朝著油脂污垢的方向排列，但是包覆在最外側的就不再是分子親水性的部分，自然就不容易將污垢分離帶到水中；而且，能夠吸附在帶負電毛髮表面上的潤絲精成分也會只剩下一點點，潤髮的效果當然不好。

至於所謂的雙效合一洗髮精，其中的潤絲成分使用的是陽離子聚合物或是矽油。陽離子聚合物結合洗髮精分子後會吸附在頭髮上，使得頭髮柔順好梳整；矽油則是一種無色透明的油，乾燥後可以使頭髮乾爽滑順。

洗髮精（界面活性劑）的構造

◆界面活性劑的示意圖與分子模型

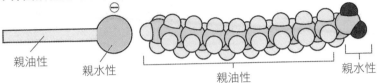

親油性　　　親水性　　　　　　　親油性　　　　　　親水性

◆洗髮精的結構式

$$CH_3 - CH_2 - CH_2 - CH_2 - \cdots\cdots - CH_2 - O - SO_3^{\ominus} \quad Na^+$$

去除污垢的機制

（⊶：界面活性劑分子）　　　　　　　　　帶走污垢！

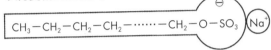

頭髮

潤絲精的作用

◆潤絲精的結構式

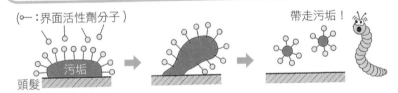

$$CH_3 - CH_2 - CH_2 - CH_2 - \cdots\cdots - CH_2 - \overset{CH_3}{\underset{CH_3}{N}} - CH_3 \quad Cl$$

◆潤絲精分子和頭髮產生鍵結

潤絲精分子

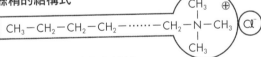

頭髮

洗髮精和潤絲精的分子產生鍵結

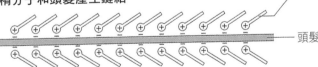

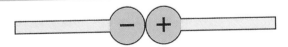

9 歷史悠久的阿斯匹靈的新用途

酯化反應

在化學這門知識發達以前，治療疾病所使用的藥物都是來自於自然界的動植物，柳樹便是其中之一，從古希臘時代開始就被拿來做為止痛之用。十九世紀初，人們發現取自於柳樹中的水楊酸不但可以用來止痛，對於治療風濕患者也非常有效，而引起注目。但是，水楊酸會對胃部造成很大的傷害，因此並沒有普及開來。

後來，經過德國的拜耳公司不斷地努力，終於發現如果將水楊酸轉變乙醯水楊酸就可以減輕原本的副作用。水楊酸和醋酸反應時，水楊酸裡的羥基─OH會丟掉氫H、醋酸的羧基─COOH會丟掉OH，兩者並產生鍵結，這種變化就稱為酯化反應。以這種方法合成出來的乙醯水楊酸從一八九九年開始以阿斯匹靈的名字進行販售，換句話說，阿斯匹靈已經有一百年以上的歷史。

不過一直到最近，人們才開始了解阿斯匹靈為何可以改善頭痛、生理痛與發燒等症狀。當細胞因為疾病等因素而受到刺激時，細胞膜的成分會改變而產生前列腺素，使得血管擴張而造成疼痛、發紅與發熱等症狀。而阿斯匹靈可以阻斷前列腺素的產生，所以能夠達到緩解症狀的效果。

疼痛原本是身體組織受損的訊號，發紅與發熱則分別具有供給修復物質與提高身體免疫力的作用。也就是說，這些讓人不適的症狀其實是為了保護身體而產生的反應。除此之外，前列腺素具有抑制胃酸分泌、保護胃壁黏膜的作用，而阿斯匹靈減少了前列腺素的分泌，所以多少會對胃部造成些微傷害。

最近有些研究指出阿斯匹靈也具有抗凝血的功用，另外每週服用五到六次的話可降低罹患胰臟癌的機率，等等的新用途陸續被提出。反之，也有人發現了阿斯匹靈的新副作用。當孩童罹患流行性感冒時，如果服用阿斯匹靈會引發噁心、意識障礙、痙攣等急性腦部症狀

以及肝功能低下，因此日本的厚生省在一九九八年時發布了安全性通報，在給兒童投藥時不要使用阿斯匹靈系列藥物。

從水楊酸製造阿斯匹靈

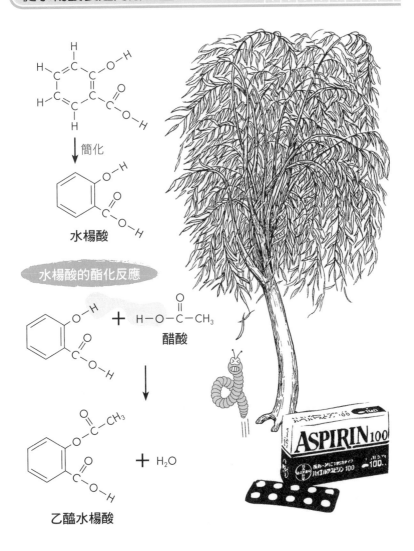

簡化

水楊酸

水楊酸的酯化反應

＋ 醋酸

乙醯水楊酸 ＋ H_2O

10 合成纖維的歷史 從尼龍開始

纏繞得長長的纖維

世界上最早製造出尼龍的杜邦公司曾經充滿自信地以「利用碳、水與空氣等隨處可見的材料所製成,比鋼鐵更強韌、比蜘蛛絲更纖細、比天然纖維更柔軟更有光澤」來形容這種人造纖維並展開販售,而尼龍也確實為世界帶來了衝擊,像是尼龍絲襪不但比蠶絲襪更薄更強韌,而且色彩豐富又不容易和其他衣物互相暈染,在開始販售的短短四天內就有四百萬雙的銷售成績。

尼龍也分不同的種類,其中尼龍六六是由己二胺與己二酸所合成的。

己二胺的胺基（—NH_2）與己二酸的羧基（—COOH）之間去掉水（H_2O）並長長地連結在一起,就會形成尼龍六六。這種藉由脫去水等簡單分子以聚合成高分子的反應,就叫做縮合聚合。

除此之外,從 ε-己內醯胺當中也可以合成出尼龍六。把環狀 ε-己內醯胺中的醯胺基（—CONH—）切斷後可得到線狀的分子,其中的CO—與相鄰的—NH就可以聚合成長鏈的高分子,而這種類似把許多橡皮筋切斷後再綁成一長串的反應稱為開環聚合。尼龍六六和尼龍六都是以—CONH—鍵結而成的高分子。

除了尼龍之外,合成纖維還包括維尼龍與壓克力纖維等。維尼龍是日本所開發出來的纖維,擁有適度的吸濕性以及類似棉花的肌膚觸感。製造維尼龍時的中間產物聚乙酸乙烯酯是木材接著劑與口香糖的原料,而聚乙烯醇則可以用來當做衣物的洗滌糊。至於壓克力纖維因為質輕而柔軟,經常與羊毛或木棉混紡後用來製造衣服或毛毯。

尼龍六六的合成

···H-O-C-(CH₂)₄-C-O-H, H-N-(CH₂)₆-N-H, H-O-C-(CH₂)₄-C-O-H···

己二酸　　　　　　己二胺　　　　　　己二酸

···-C-(CH₂)₄-C-N-(CH₂)₆-N-C-(CH₂)₄-C-···

尼龍六六

簡化

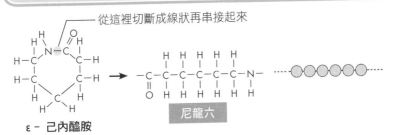

● 己二酸
■ 己二胺

尼龍六的合成

從這裡切斷成線狀再串接起來

ε-己內醯胺

尼龍六

維尼龍的合成

聚乙酸乙烯酯

聚乙烯醇

維尼龍

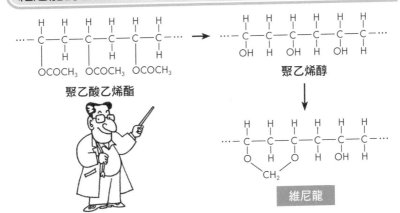

11 寶特瓶的回收問題
日本的寶特瓶會被分解成原料

　　寶特瓶依用途可以區分成圓形瓶身、方形瓶身以及白色瓶口、透明瓶口等各式種類。圓形且瓶身上凹凸少的為耐壓型寶特瓶，主要用來盛裝蘋果西打等碳酸飲料。這種瓶子的底部會製作成花瓣形，讓瓶身即使因二氧化碳而鼓脹依然可以站立。而方形瓶身的寶特瓶則是用來盛裝非碳酸飲料，為了防止瓶身在冷卻後產生變形，才製作成有稜有角的形狀。

　　白色瓶口的寶特瓶屬於耐熱型。由於茶或果汁必須加熱到90℃左右殺菌後再填裝進瓶子裡，因此製作寶特瓶時會預先把瓶口部分加熱到約200℃後再接到固化的瓶身，這就是瓶口呈現白色的原因。而咖啡牛奶等由於是將飲料殺菌後在常溫下的無菌室中填裝進瓶子，因此不需要將瓶口進行加熱，所以瓶口還是維持透明。至於瓶身呈圓形且瓶口為白色的寶特瓶，則屬於耐熱耐壓型，通常用來盛裝含果汁或牛乳的碳酸飲料。

　　寶特瓶又稱PET瓶，PET為聚對苯二甲酸二乙酯（polyethylene terephthalate）的縮寫。這是一種由對苯二甲酸與乙二醇聚合而成的高分子，其結構和屬於合成纖維的聚酯相同，因此寶特瓶回收後也可以用來製作衣服或毛毯，此外還可以製作成盛裝雞蛋的盒子或托盤。最近還出現了一種技術，把寶特瓶經由化學分解分離出原本的原料對苯二甲酸與乙二醇，然後再將兩者重新合成製作新的寶特瓶。

　　在德國等國家，寶特瓶回收清洗後，就會重新拿來盛裝飲料；但在日本由於食品衛生法令的規範以及消費者不喜歡購買容器不好看的飲料等商業考量，因此採用的方式是把回收的寶特瓶分解成原料。

　　寶特瓶雖然可以進行回收，但若無限制地使用仍然會產生問題。寶特瓶的回收、搬運與再加工，都必須耗用能量與清洗用水，如果因為可回收就持續大量生產、大量消費、大量廢棄的話，將會對環境造成極大的負擔，因此減少寶特瓶的總用量是非常重要的。

寶特瓶的種類

	白色瓶口	透明瓶口
圓形瓶身	**耐熱耐壓瓶**	**耐壓瓶**
	含果汁或牛奶成分的汽水	蘋果西打或可樂等
方形瓶身	**耐熱瓶**	**常溫無菌室用**
	茶或果汁等	咖啡牛奶或奶茶等

寶特瓶的回收

寶特瓶 → 變成纖維 → 製成袋子或衣服等

寶特瓶 化學分解→ 對苯二甲酸 乙二醇 → 再度製成寶特瓶

12 接著劑的原理就是濕潤後固化

接著劑有三種固化機制

　　除了家庭使用的接著劑以外，建築、汽車、火車甚至是飛機的製造上都必須要用到接著劑，例如一架七四七巨無霸客機所使用的接著劑總重量就多達一噸。

　　用來當接著劑的化合物必須要能與目標黏著物緊密地接觸在一塊，而接觸力的好壞可以用濕潤性來評估。如果在平滑的玻璃上滴上一滴水，水會在玻璃表面上擴散成薄薄的一層，這表示水對玻璃的濕潤性極佳，因此若將兩片玻璃中間用水密合在一起的話，要想把玻璃再分開來就會變得很困難。不過如果在玻璃上噴上了潑水劑，濕潤性就會變差，這時候玻璃上的水會因本身的表面張力而變成珠狀。

　　接著劑對於濕潤性不佳的物體無法形成強力的接合。通常會需要黏著的物體材質有木材、橡膠、塑膠、金屬等，這些物體的濕潤性都各自不同，因此接著劑也分成許多種類。

　　第一種接著劑會在水分或者有機溶劑揮發後留下固化的成分，就像是澱粉糊或是木工用接著劑般。第二種是像蜜臘或熱熔膠等要先加熱軟化後再塗抹，冷卻後就會固化。至於第三種則是讓分子量小的單體產生化學反應，聚合成高分子而固化。

　　強力的接著劑大多屬於第三種，例如瞬間接著劑就是讓2-氰基丙烯酸酯的單體聚合成高分子而固化。空氣中或材料表面的水分會引發2-氰基丙烯酸酯的聚合反應，使其在幾秒內形成分子量達十萬的高分子。此外，藉由改變單體中的R基團，就可以分別製造出適用於金屬、橡膠、塑膠與木工等各種用途的接著劑（參見圖解三）。

　　還有一種環氧樹脂，會藉由讓擁有環氧基的分子從環氧基的部分斷裂以產生交聯聚合反應，形成網狀高分子而固化。環氧樹脂通常會與酚醛樹脂混合後用於汽車或飛機的組裝。

濕潤的表面與不易濕潤的表面

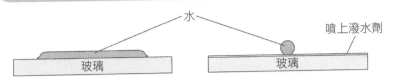

2-氰基丙烯酸酯的反應

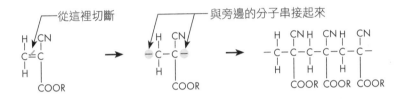

改變R基團就可以改變接著劑的性質

R基團的種類	結構式	用途
CH$_3$	$\begin{array}{c} H \quad CN \\ -C-C- \\ H \quad COOCH_3 \end{array}$	金屬用
C$_2$H$_5$	$\begin{array}{c} H \quad CN \\ -C-C- \\ H \quad COOC_2H_5 \end{array}$	橡膠、塑膠、木工用
C$_4$H$_9$	$\begin{array}{c} H \quad CN \\ -C-C- \\ H \quad COOC_4H_9 \end{array}$	醫療用

什麼是有機？

🐛 有機化合物與無機化合物

維勒（1800～1882年）

十七世紀後半人類開始從自然界分離出各種的物質。由於從生物體內所得到的物質比從礦物得到的更容易分解、組成也更複雜，因此兩者分別被稱為有機化合物與無機化合物。當時許多化學家嘗試從無機化合物合成出有機化合物，但都以失敗告終。

到了十九世紀，《生機論》得到廣泛的支持，認為有機化合物是由生物體內不可思議的生命力所合成，因此把無生命的無機化合物放到無生命的三角燒瓶或燒杯中進行反應，並無法產生出有機化合物。

但是一八二八年，德國化學家維勒偶然發現把無機的氰酸銀和氯化銨水溶液加熱後可得到有機的尿素，《生機論》顯然是錯的，但當時氰酸銀是以動物血或獸角為原料所提煉，因此《生機論》者主張合成出尿素是因為氰酸銀中還殘留著生命力；維勒也因為若不使用有機化合物就無法得到氰酸化合物，而接受了這個看法。

後來維勒的學生柯柏成功以碳C與硫S合成出醋酸CH3COOH，毫無疑問地是從無機化合物合成出有機化合物。但是，《生機論》還是頑強地停留在一些人的腦袋裡，因為當時人們仍不了解有機化合物的構造，直到十九世紀後半有機化合物的化學結構基礎被奠定後，《生機論》才徹底被屏棄。

雖然無機化合物與有機化合物機之間無法互換的藩籬已被打破，但由於有機化合物具有一些無機化合物所沒有的特殊構造與性質，因此現在還是習慣將兩者分開討論。一般把含有碳原子的化合物稱有機化合物，但單純的碳原子C、一氧化碳CO、二氧化碳CO_2、碳酸離子CO_3^{2-}或含有氰化物離子CN^-的化合物則被歸類成無機化合物。

第6章

生活周遭的「化學力量」

1 砂糖會把牙齒給溶掉
酸的性質

鯊魚的表皮上有一些粗糙的堅硬突起物，這些突起的表面是由琺瑯質所形成，裡面包覆著象牙質。肺魚等古代魚類的鱗也和鯊魚的齒狀突起一樣又硬又厚，事實上據說人類的牙齒就是從魚類嘴部的硬鱗擴大分化、最後固定於下顎而成的捕食器官。

牙齒的琺瑯質與象牙質的成分和骨骼一樣，都是由一種稱為氫氧基磷灰石的離子結晶與膠原蛋白所構成，相異之處只在於組成比例的不同，離子結晶在骨骼中占了五成，而在牙齒的象牙質與琺瑯質中則分別占了七成與九成。牙齒的構造是由非常堅硬的琺瑯質覆蓋在硬度較差但具有彈性的象牙質上，這種結構非常適合用來咀嚼食物。

牙齒與骨骼的另一個不同之處在於組織的差異。骨骼中到處都有神經及血液通過，但是牙齒的琺瑯質中並沒有這些活組織，而象牙質裡也只含有少數呈現突起狀的細胞。由於牙齒不同於骨骼，大半都屬於死亡的組織，因此折斷時既無法再度黏附在一起也不會再生。不過，在象牙質的內部含有負責讓牙齒生長發育的活組織——牙髓，其中含有神經。從牙髓延伸出去的牙根尖負有將極少的營養輸送到象牙質的任務，因此當蛀蟲只蛀到琺瑯質時不痛不癢，蛀到象牙質時開始會感覺到一點刺痛，但如果蛀到牙髓的話，就會痛到要人命了。

會產生蛀牙的原因主要來自於砂糖。我們的口腔中含有將砂糖代謝並放出乳酸或醋酸的轉糖鏈球菌，這種細菌會將砂糖代謝並合成出黏糊狀的葡聚糖，在牙齒的表面形成牙菌斑而棲息於其中。由於葡聚糖會把酸封在牙菌斑內，因此轉糖鏈球菌會不斷地將琺瑯質溶解，最後產生蛀牙。

牙齒不耐酸性物質的原因是由於其構造為磷灰石結晶所組成。磷灰石的主要成分是鈣離子（陽離子）與磷酸離子、氫氧離子（兩者為陰離子），其中氫氧離子很容易與酸裡頭的氫離子產生反應而形成水（稱為中和反應），使得磷灰石的結晶遭到破壞。

塗抹氟化物（氟化鈉）可以幫助預防蛀牙，因為氟離子會取代磷灰石中部分的氫氧離子，而形成不易溶於酸的氟化磷灰石。茶裡頭也含有許多的氟離子，因此喝茶或許多少也可以防止蛀牙的產生。

蛀牙產生的過程

1 殘留的糖分

2 轉糖鏈球菌以糖為養分製造出葡聚糖而附著在牙齒表面

3 在牙齒表面與其他種細菌形成菌落（牙菌斑）

4 轉糖鏈球菌增生

5 將糖代謝成乳酸及醋酸

6 將琺瑯質溶掉

琺瑯質的主要成分：氫氧基磷灰石
塗抹氟化鈉將磷灰石轉變成氟化磷灰石，就不容易產生蛀牙

轉糖鏈球菌

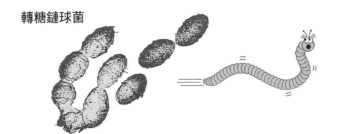

2 「老化」是因為身體生鏽了嗎？

氧化力超強的活性氧

當三十六億年前海中剛出現生命（微生物）時，大氣中並沒有氧氣，也就是說，當時的生命體不需要氧氣就能夠分解養分以取得能量。後來出現了能夠進行光合作用的藍綠藻以後，才開始有氧氣被製造出來。氧氣對當時的微生物來說是種劇毒，即使是現在還是有些生物如乳酸菌等非常地討厭氧氣。

不過生物是很頑強的，很快地球上就出現了一些能夠利用有毒的氧氣來從養分中汲取能量的物種。

為什麼會如此演變，其實是因為藉由氧氣能夠取得更多的能量，是種效率很高的呼吸方式。於是，呼吸氧氣的生物便在地球上蓬勃發展，最終出現了人類。

對我們來說不可或缺的氧氣會有一部分在體內轉變成活性氧，對人體帶來各式各樣的影響。所謂的活性氧包括了超氧自由基、過氧化氫、單重態氧以及氫氧自由基等。這些活性氧的結構就如右頁圖解一所示，其中位於氧原子最外層的電子以「•」的圖像來表示。

活性氧的氧化力比空氣中的氧氣更強，可以用來消滅入侵體內的細菌。但如果體內的活性氧過多，則會引起老化、癌症、糖尿病、動脈硬化等疾病。

人體當中其實具有降低活性氧數量的機制，例如過氧化氫酵素（右頁圖解二）就可以把過氧化氫分解成水及氧氣。這些酵素需要鋅與鎂等微量金屬來維持活性，因此攝取含有這些元素的海帶芽與芝麻等食物對健康非常地重要。

除此之外，食物中也含有能夠減少活性氧的抗氧化物，其中最具代表性的就是富含多酚的紅酒以及可可；另外維他命C、維他命E以及類胡蘿蔔素也都是很好的抗氧化物，所以必須均衡地攝取綠花菜、大豆以及胡蘿蔔等食物。

　　但如果是服用營養補助品的話就必須要小心。經研究發現，讓犬隻服用大量含多酚的營養補助品的話，會對犬隻的肝臟和腎臟造成傷害。攝取過量也會產生問題，因此最好只把營養補助品拿來補充飲食的不足之處。

四種活性氧的結構

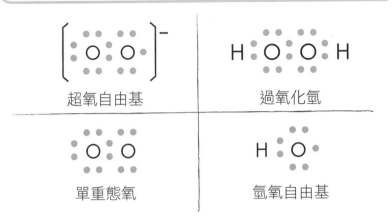

超氧自由基　　　　　　　過氧化氫

單重態氧　　　　　　　　氫氧自由基

可分解過氧化氫的過氧化氫酵素

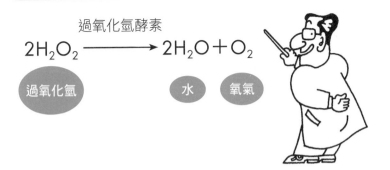

過氧化氫酵素

$$2H_2O_2 \longrightarrow 2H_2O + O_2$$

過氧化氫　　　　　水　　氧氣

③ 鐵罐和鋁罐那一種比較好回收？

鐵資源和鋁資源

　　現在的便利商店裡，冰櫃擺放的幾乎都是寶特瓶飲料。日本從一九九六年開放使用寶特瓶盛裝飲料以後，僅僅過了四年的時間到二○○○年時，寶特瓶的用量就超越了金屬罐，目前的飲料有60%都是用寶特瓶盛裝；同時間，鐵罐的占有率則從一九九六年的40%一路跌落到15%。寶特瓶之所以大受歡迎，是因為不但可以看到容器裡的飲料，還可以重覆地開關。只是，容器的好壞不能只看便利性，也要把環境負荷的觀點納入考量。

　　從日本各種容器的回收率來比較，鐵罐和鋁罐的回收率都高達九成，寶特瓶則只有六成，相對偏低。不過這是因為辦公室和車站裡的寶特瓶會被當成產業廢棄物來處理，並未進入市鎮鄉村的回收系統的緣故（譯注：在台灣，寶特瓶的回收率超過九成）。日本產業廢棄物中的寶特瓶有一部分會被拿來填海造地，一部分則出口到中國。

　　容器當中鋁罐由於可以再製成新的鋁罐，可說是回收容器中的模範生。鋁的融點低（只有660℃），只用簡單的熔融爐就可以把鋁罐再生成原料金屬。而且比起從鋁土礦裡電解精煉出鋁金屬，再生鋁在過程中所需要使用的能量只有其3%。但是，鋁罐的再生也有其問題點，即在熔融前需要經過多道分類處理的程序，而且再生後的鋁材也只能用來製作瓶身。鋁罐的瓶身是鋁錳合金，但瓶蓋部分為了維持一定的強度，所以使用的是鋁鎂合金。而再生的鋁材由於混合了瓶身和瓶蓋的材質，因此只能用來製作瓶身，瓶蓋仍然必須使用新的鋁材來製作。

　　另一方面，鐵罐在回收上的好處是可以利用磁鐵吸附很容易就進行分類。鐵罐會以鋼鐵廠的電爐加熱到1600℃熔融，回收鐵需要使用的能量大約是從鐵礦石煉鐵所需的35%。但是，回收的鐵罐無法再製成鐵罐，因為其中多少會混合入鍍錫空罐，而降低鐵材的品質，因此再生鐵材只能用於建築資材或是汽車製材等。此外，鐵罐的瓶蓋和鋁

罐一樣都是用鋁合金製作的，因此這部分的鋁材不是在高溫爐中被燃燒殆盡，就是溶到鐵裡頭而造成鐵材的品質劣化。

由前述可知，如果只從回收材料製成新容器的觀點來看，鋁罐具有壓倒性的優勢；但是，如果以容器製造、運送以及處理的總能量成本來看，寶特瓶與鐵罐則占了上風。不過，對環境負荷最低的並不是這些容器，而是最不方便但是清洗之後就可以重覆使用的玻璃瓶等等。比起回收，其實重覆使用才是對環境最好的做法。

各種飲料容器的占有率

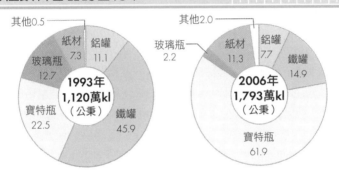

其他0.5
紙材 7.3
鋁罐 11.1
玻璃瓶 12.7
寶特瓶 22.5
鐵罐 45.9
1993年 1,120萬kl（公秉）

其他2.0
玻璃瓶 2.2
紙材 11.3
鋁罐 7.7
鐵罐 14.9
寶特瓶 61.9
2006年 1,793萬kl（公秉）

各種材質容器的回收率變化

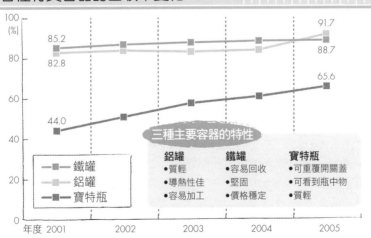

鐵罐：85.2 … 91.7
鋁罐：82.8 … 88.7
寶特瓶：44.0 … 65.6

- ■— 鐵罐
- ■— 鋁罐
- ■— 寶特瓶

三種主要容器的特性

鋁罐	鐵罐	寶特瓶
●質輕	●容易回收	●可重覆開關蓋
●導熱性佳	●堅固	●可看到瓶中物
●容易加工	●價格穩定	●質輕

年度 2001　2002　2003　2004　2005

4 什麼是COD和BOD
優養化現象

過去的日本擁有美麗的河川與湖泊，就算有一些汙染物排放到水裡，水也會自行淨化；但後來經濟的高度成長讓河川的水變得又黑又濁，堆積的污泥發出陣陣惡臭，水面上也滿是清潔劑所產生的泡泡。

造成水污染的最大原因是家庭廢水中的有機物。所謂有機物指的是生物所產生的物質（參見128頁，一般含有碳原子的化合物便稱為有機物），排水當中通常包括了清潔劑、喝剩的飲料、味噌湯、牛奶、蔬菜殘渣、油脂、碗盤裡的食物殘渣以及廁所的排泄物等有機物，這些全都是造成水污染的原因。

排放到水中的有機物會被棲息在水底的微生物所分解。微生物在分解這些有機物時會耗用掉溶在水中的氧，因此當污染物太多時，水就會變成缺氧的狀態。所以，當有機物的排放量少時，微生物可以將他們完全地分解掉；但是一旦排放量太高，無法被分解的有機物就會堆積在河川或湖泊的底部，在各種細菌的作用下成為釋放出惡臭的污泥，並且讓水變得混濁，使得光線無法進到水中而阻礙水草的光合作用。這就是所謂的優養化現象。

水中的有機物含量可以用COD（化學需氧量）與BOD（生物需氧量）來表示，這兩個數值代表分解有機物時所需的耗氧量，其中COD是以過錳酸鉀做為試劑來測量，BOD則是利用微生物來測量，數值愈高就表示水中的有機物含量愈高。魚類能夠生存的水質，其BOD必須在5 mg/l（每公升毫克）以下。拉麵湯汁的BOD是25,000 mg/l，所以一碗麵湯要用3.3個浴缸（300公升）的水來稀釋之後才能讓魚兒存活在其中。

這幾年有許多大樓住宅開始在排水口裝設鐵胃，利用馬達將廚餘攪碎後排放，但這種方式會讓大量的有機物排放到下水道中，因此也有些自治團體組織起來要求業者必須自律。其實把廚餘從水槽的排水口拿出來丟掉，才是保護水質最好的方式。

家庭廢水是水污染的主要原因

排放到河川
或海洋

大量有機物排至水中的後果

水污染　　　　　　　　　　缺氧

污泥

5 自來水的淨化方法
如何喝到好喝的自來水

在日本打開水龍頭就可以喝水了，但許多日本民眾都覺得自來水並不好喝。根據東京都水道局在二〇〇六年的調查，對自來水的安全性感到滿意的人有將近五成，不滿意的有兩成多，但是對自來水的味道感到滿意的人還不到兩成，其中更多達七成的人覺得自來水「有漂白粉的味道」或是「味道很糟糕」，超過五成的人有購買礦泉水的習慣。

來自水庫與河川的水在變成自來水之前，必須先把泥土、有機物與細菌等髒污去除。

日本在戰前的水質良好，處理水的主要方式是採用緩速過濾法，藉由微生物來進行淨化。緩速過濾法是讓原水通過砂層，利用棲息在砂表面的微生物把髒污及細菌分解掉而達到淨水的目的，和井水與泉水可以直接拿來飲用的原理相同。這種除菌方法無色無臭，除了以法律規定的氯氣來消毒以外，不會再使用任何的化學藥品，因此味道良好。

但是，這種淨水方式需要廣大的土地以及長時間進行，於是當人口隨著戰後的經濟發展而增加，加上追求省力與效率的潮流，這種做法遂逐漸被捨棄。

現在所採用的是必須使用藥品的急速過濾法。這種方式是在原水中加入硫酸鋁或聚氯化鋁等混凝劑來凝聚、沉澱髒污，之後再將上層的澄清水通過砂層以進一步去除微小的雜質。這種方法的過濾速度快，只需要少量的土地就可以供給大量的自來水。

但是，這種方法的缺點是必須在一開始就加氯殺菌，因此顏色和臭味都不易去除。特別是河川下游的水通常有很強的霉臭味，含菌量又高，因此取水口位於下游的都市區域往往必須加入大量的氯氣來進行殺菌。然而，過度使用氯氣不但會讓水聞起來像漂白粉，而且還會產生三鹵甲烷等致癌物質。

所以在日本，東京和大阪等大城市使用的都是以臭氧及活性碳來搭配急速過濾法的高級處理技術，希望可以提供「美味又安全」的自來

水。但是這種方法的處理成本高，因此保護水源、避免不當的開發才是根本的解決之道（譯注：臭氧處理因成本高，台灣並未普遍採用）。

其實不管是哪個地方，無論是否以緩速過濾法或高級處理技術來做處理，自來水都是不適合直接飲用的，因此多半還是需要增購昂貴的淨水器或是購買礦泉水。

在家庭中如果想讓水變得好喝一點的話，可以在水中加入木炭。自來水難喝的原因多半是因為有霉臭和近似漂白粉的味道，而且其中還含有三鹵甲烷，而這些分子都可以藉由木炭吸附來去除。但是長時間使用下來，木炭會成為細菌的溫床而造成反效果，因此最好每隔一段時間就把木炭取出，以煮沸或日曬的方式來進行殺菌。

自來水的處理流程

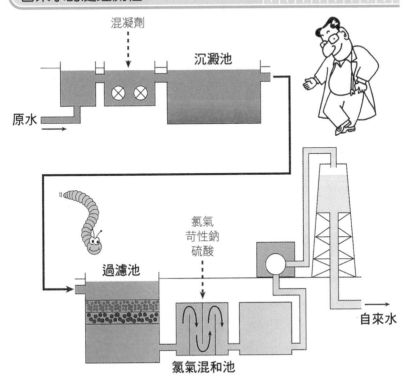

混凝劑

沉澱池

原水

氯氣
苛性鈉
硫酸

過濾池

自來水

氯氣混和池

6 從化學觀點看蜜蠟與木蠟
蠟的作用

　　講到蠟，最常見的用途大概就是製作蠟燭。現在的蠟大多都是在提煉石油的過程中所產生的石蠟，這是一種碳與氫所組成的碳氫化合物，換言之便是固態的石油，因此容易燃燒且溶於石油。在石蠟出現之前，人們使用的是從動植物所取得的蠟，接著便來看看天然蠟的歷史。

　　人類最早使用的蠟是採自蜂巢的麥芽糖色蜜蠟，燃燒時會發出甜甜的香味。蜜蠟和石蠟不同，並不是長鏈的碳氫化合物，而是由高碳數的高級醇以及高級脂肪酸所組成。蜜蜂會把腹部的蠟腺所分泌的蠟送到口器用以築巢，由於蜜蠟既防水又不會腐壞，因此非常適合用來養育幼蟲以及儲存蜂蜜。古代歐洲的教會飼養蜜蜂除了為取得蜂蜜以外，也為了可用來製作蠟燭的蜜蠟。

　　其後，日本開始使用從木蠟樹的果實上所取得的木蠟。木蠟與石蠟、蜜蠟都不一樣，是屬於脂肪的一種，由甘油與三個高級脂肪酸所組成，燃燒時會呈現比石蠟燃燒時更明亮的橘色。日本一直到江戶時代都還在使用以和紙捻芯所製成的木蠟蠟燭。木蠟果實的厚皮中含有豐富的木蠟，可以保持果實乾燥、防止細菌感染。

　　除了木蠟以外，許多植物的表面也都擁有含蠟的角質層，像是生長於南美乾燥地區的巴西蠟棕的葉子、以及生長於墨西哥沙漠地帶的蠟拖鞋花，這些植物所含的蠟質相當豐富。這些蠟質是植物在嚴苛乾燥的自然環境下為了自保而分泌的。

　　人類和動物的皮膚多半也都覆蓋著一層含蠟的皮脂，其中以水鳥最為顯著，其羽毛上覆蓋著大量的蠟，讓空氣可以蓄積在羽毛之間。羽毛間的空氣層除了防水和保溫的用途之外，也讓水鳥可以浮在水面上。由於石油會將鳥類羽毛上的蠟給溶掉，因此若油輪因事故而使原油外洩到海中的話，對水鳥而言非常地致命。少了蠟會讓羽毛間包覆的空氣變少、羽毛的排列亂掉而失去防水功能，這樣一來水鳥就會因為皮膚直接接觸冰冷的海水而失溫，並且很容易就會沉到水裡。

蜜蠟的組成

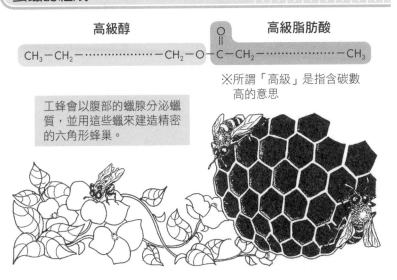

高級醇　　　　　　　　　　　高級脂肪酸

$CH_3-CH_2-\cdots\cdots\cdots-CH_2-O-\overset{\overset{\displaystyle O}{\|}}{C}-CH_2-\cdots\cdots\cdots-CH_3$

※所謂「高級」是指含碳數
高的意思

工蜂會以腹部的蠟腺分泌蠟
質，並用這些蠟來建造精密
的六角形蜂巢。

木蠟是一種脂肪

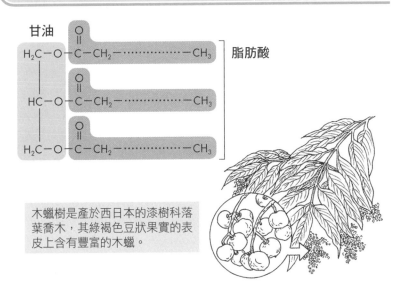

甘油　　　　　　　　　　　　　　　脂肪酸

$H_2C-O-\overset{\overset{\displaystyle O}{\|}}{C}-CH_2-\cdots\cdots\cdots-CH_3$

$HC-O-\overset{\overset{\displaystyle O}{\|}}{C}-CH_2-\cdots\cdots\cdots-CH_3$

$H_2C-O-\overset{\overset{\displaystyle O}{\|}}{C}-CH_2-\cdots\cdots\cdots-CH_3$

木蠟樹是產於西日本的漆樹科落
葉喬木，其綠褐色豆狀果實的表
皮上含有豐富的木蠟。

7 人體內合成的清潔劑？
脂肪與乳化

　　日常使用的清潔劑可以分成洗碗、洗衣服以及洗澡等各種用途，而人體內也含有類似的成分，擔負著重要的功能。

　　清潔劑能夠去除油污的祕密在於其分子的構造，簡單來說就是清潔劑的分子裡同時擁有離子結構與分子結構，因此同時具備了親油性與親水性。當使用清潔劑來清洗油污時，親油的分子部分會包覆住油脂，而親水的離子部分則溶於水，如此一來就可以把油脂拉到水中。除了清潔劑以外，還有許多種分子擁有同樣的特性，這樣的物質統稱為乳化劑或是界面活性劑。

　　膽汁酸便是一種作用於人體內的乳化劑。我們從食物中所攝取的脂肪在胃裡時還不會被消化掉，而是到了小腸才被分解。由於脂肪不溶於水，因此其消化與吸收都很緩慢，這就是高脂飲食不好消化的原因。為了加速脂肪的消化和吸收，十二指腸會分泌出膽汁酸把脂肪包覆起來，使其分散成微小的顆粒，也就是所謂的乳化作用。脂肪乳化之後便可以提高分解酵素的效率；此外，脂肪分解後所產生的脂肪酸也會再度乳化，以幫助小腸壁進行吸收。

　　小腸吸收進人體的脂肪會利用血液來運送，這時乳化劑的角色也很重要，卵磷脂（一種磷脂質）與去輔基蛋白等便是在此時發揮作用。這些乳化劑會吸收大量的脂肪而轉變成為血清脂蛋白，然後隨著血液運送到皮下組織或心臟等地方將脂肪卸載，多餘的脂肪則運送到肝臟。肝臟會將脂肪合成為膽固醇運送到全身，而最後殘留在血管壁等處的多餘膽固醇則會再被送回肝臟。

　　體內的乳化劑還有另一個重要的功用，就是在身體內形成細胞膜。細胞膜是以磷脂質為中心所構成，但是如果成分只有磷脂質的話結構會很脆弱，因此必須藉由膽固醇來補強。

　　細胞膜很容易被植物的根、莖中富含的皂素（也是一種乳化劑）所破壞，原因在於皂素會把細胞膜中的膽固醇溶出。植物的根等部位

就是因為含有皂素所以不容易受到細菌的感染，具有抗菌的作用。當人體攝取皂素時，皂素分子會將膽固醇包覆起來，阻礙小腸的吸收；此外，被肝臟所吸收的皂素也會被運送到全身，具有改變細胞膜的通透性等藥理作用。中藥裡使用許多含有皂素的藥材，便是這個原因。

血清脂蛋白的結構

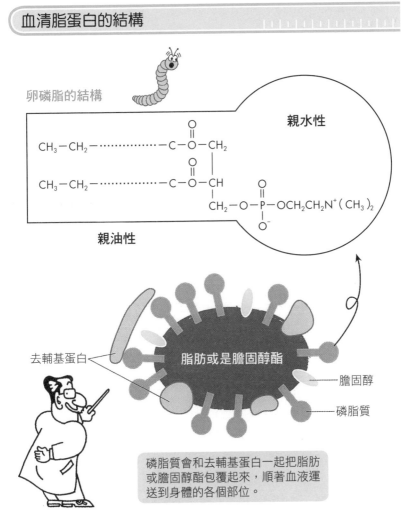

卵磷脂的結構

親水性

親油性

$$CH_3-CH_2-\cdots\cdots\cdots-C-O-CH_2$$

$$CH_3-CH_2-\cdots\cdots\cdots-C-O-CH$$

$$CH_2-O-P-OCH_2CH_2N^+(CH_3)_2$$

去輔基蛋白

脂肪或是膽固醇酯

膽固醇

磷脂質

磷脂質會和去輔基蛋白一起把脂肪或膽固醇酯包覆起來，順著血液運送到身體的各個部位。

8 紅藥水、白藥水和紫藥水
殺菌作用的原理

　　小時候曾經用過紅藥水來消毒的人，現在大概都已經年過四十了。今天用來進行消毒的紅藥水已經被白藥水所取代，為什麼紅藥水不再被使用了呢？

　　紅藥水的成分是由曙紅（一種與紅墨水的色素相似的有機分子）與醋酸汞反應後所得到的有機汞化合物。有機汞與會引起水俁病的甲基汞是同一類的分子，因此長期使用紅藥水的話會造成慢性汞中毒；除此之外，汞分子也很容易引起過敏，造成起疹與水泡等副作用。由於汞分子與蛋白質會形成很強的鍵結，造成人體將其視為異物而加以攻擊，這也是現在不再使用紅藥水的原因。

　　取代紅藥水的白藥水，其主要成分是陽離子性的界面活性劑。以香皂或是洗髮精這類界面活性劑來說，其分子的其中一端帶的是陰離子，而白藥水則是帶有陽離子，所以也被稱為逆性石鹼。

　　白藥水的殺菌效果主要是針對細胞膜。細胞膜是由帶有負電的磷脂質所構成的雙層結構，當白藥水靠近時會彼此產生鍵結，使原本規則排列的構造亂掉，白藥水就是這樣藉由破壞細胞膜來達到殺菌的效果。不過要注意的是，太常使用的話很容易會造成皮膚過敏。

　　紫藥水（碘酒）也是種很有歷史的消毒藥水，殺菌效果來自於其中的碘，主要是針對酵素以及細胞膜產生氧化作用，與這些生物分子之間產生鍵結，使其變形而造成機能異常。不過由於碘酒中含有刺激性強的酒精，因此現在已經改用不含酒精的優碘。

　　雙氧水和碘酒一樣具有很強的氧化力，成分中含有過氧化氫（一種活性氧），會把酵素、細胞膜與細胞核等所有的生物分子都氧化。人體內含有可以將過氧化氫分解使其無毒化的酵素，因此使用雙氧水的副作用很少，但即使如此還是應該避免太常使用。雙氧水塗到傷口上時會產生泡泡，就是過氧化氫分解後所產生的氧氣。

殺菌示意圖

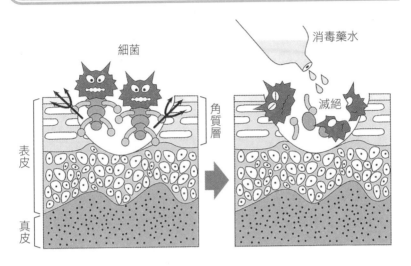

細菌

消毒藥水

滅絕

角質層

表皮

真皮

殺菌的原理

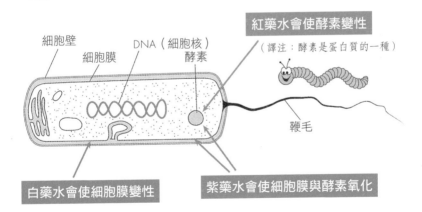

細胞壁

細胞膜

DNA（細胞核）

酵素

紅藥水會使酵素變性

（譯注：酵素是蛋白質的一種）

鞭毛

白藥水會使細胞膜變性

紫藥水會使細胞膜與酵素氧化

9 夜裡發出奇異光芒的螢光塗料與夜光塗料

發光的原理與放射線危害

　　百元商店裡販賣著許多塗有夜光塗料的商品，當照射到紫外線後就會發出奇異的光芒。不過其實早在一九五〇年代之前，可以持續發出光芒的鬧鐘盤面就曾經相當普遍過。

　　現在所使用的夜光塗料是一種磷光塗料，會吸收肉眼看不到的紫外線，然後放出可見光。這些塗料會將吸收進來的紫外線能量儲存起來慢慢地釋出，所以當停止照射紫外線後，仍然可以持續發光一段時間；但由於其本身並不會產生光，因此一旦能量釋出完畢，光線還是會消失。

　　那麼以前的鬧鐘為什麼會發光呢？原理很簡單，就是把具有放射性的鐳和螢光物質混合在一起，由放射線取代紫外線來提供能量給螢光物質。鐳的半衰期（放射強度減弱為一半所需的時間）長達一千六百年，因此這種夜光塗料的發光力是半永久性的（參見26頁）。

　　含鐳的夜光塗料最早被使用在軍事用測量儀器的盤面上，後來使用在鐘錶上而大受歡迎。但是一九三〇年左右，許多在美國從事將這種夜光塗料塗到盤面上的女性作業員都發生了顎骨方面的癌症，原因在於她們上塗料時習慣用嘴巴順一下筆尖。鐳的化學性質和鈣很類似，因此很容易累積在骨骼中持續釋放出放射線，使得下顎產生癌細胞。後來雖然開發出安全性高的鉅（一種人工放射性物質）取代鐳來製造夜光塗料，但由於鐘錶壞掉時塗料可能會到處飛散，廢棄物的處理也十分麻煩，因此現在已經不再使用了。

　　其實，有一種叫做螢石的礦石就是天然的螢光物質，受到強力敲擊時會發出青白色的光。由於鐳或鈾等放射性元素也是以礦脈的型式存在地底下，因此如果螢石等天然螢光物質混雜了含鐳的礦石的話，說不定就會在漆黑一片的礦坑內發出光芒。

　　宮崎駿的動畫《天空之城》裡，主角在黑暗的礦坑中發現了會發光的飛行石，這種石頭擁有讓整個城堡浮起的巨大力量；而能將飛行石純化結晶的拉普達人曾經以高度的科技力量支配了全世界，但後來卻遭到覆滅的命運，是個帶著濃濃暗示意味的寓言故事。

螢光塗料與夜光塗料的差異

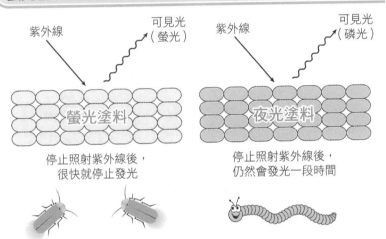

使用放射線的螢光塗料

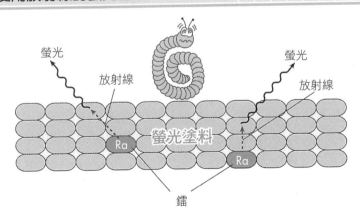

10 有機化合物的顏色來自共軛雙鍵

色素、染料與顏料

　　所謂螢光或磷光是物質本身所發出各種顏色的光芒；相較於此，我們身旁的物質則大多是藉由吸收了部分的陽光才得以呈現出顏色。陽光擁有彩虹的七種顏色成分，當七種顏色全部混合在一起時，看起來就會是白色。但是，如果物質吸收了紅光而將其他顏色的光反射出去時，看起來會是藍綠色；吸收了黃光的話，看起來就會是藍色。也就是說當欠缺某種顏色的光時，我們眼睛所感受到的就是其互補色。

　　右頁圖解一為有機化合物吸收部分的陽光而產生顏色的原理。這些有機化合物中含有單鍵與雙鍵重覆交錯的構造，這種結構叫做共軛雙鍵，擁有吸收光線的功能。雙鍵中其中一鍵的電子雲會像三明治一樣把兩個碳原子夾在中間，如圖解所示，這些電子雲吸收了能量後會被打斷，然後重新鍵結在原本是單鍵的兩個碳原子之間。當共軛雙鍵很短時，需要很大的能量才能使其改變，因此這些分子會吸收能量比可見光更高的紫外線；但如果共軛雙鍵變長時，讓電子雲改變的所需能量小，這些分子就會吸收部分的可見光而產生顏色。

　　附帶一提，秋天變黃的葉子裡含有圖解二所示的胡蘿蔔素與葉黃素等色素，而紅色的楓葉裡則含有花青素等色素（譯注：這些色素裡含有許多共軛雙鍵）。

　　有些無機化合物也擁有鮮豔的顏色，過去常被用來繪製岩石壁畫，像是日本高松塚古墳中的《飛鳥美人》壁畫就使用了紅、綠、藍等顏色。壁畫中的綠色用的是一種稱為岩綠青的顏料，其成分是鹼式碳酸銅；藍色的線條或是衣帶等處使用的是稱為紺青或岩群青的銅化合物；紅色的衣帶與嘴唇等使用的則是種稱為辰砂或朱砂的汞化合物。另外，《飛鳥美人》壁畫中並未用到的紅色弁柄（或代赭，一種鐵化合物）與鉛丹（一種鉛化合物）等，也都是常見的無機顏料。

　　大部分有機化合物的顏料經過長時間後都會因氧化而變色，但無機化合物則非常穩定，所以才能在幾千年後依舊保持鮮豔的色彩。

共軛雙鍵吸收了光以後的電子雲變化

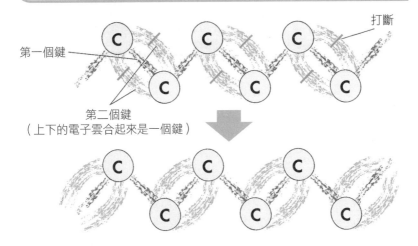

打斷

第一個鍵

第二個鍵
（上下的電子雲合起來是一個鍵）

楓葉中所含的色素

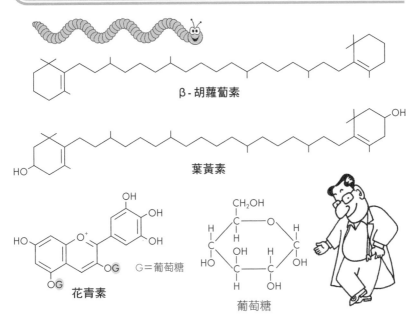

β - 胡蘿蔔素

葉黃素

G＝葡萄糖

花青素

葡萄糖

11 新居落成或改建後要注意身體狀況

致病屋症候群

如果家裡或學校新落成或者改建的話，要特別小心是否出現眼睛痛、喉嚨痛、流眼淚、流鼻水或是頭昏腦脹等症狀，因為這可能是合板或接著劑中所含的甲醛、甲苯或是用來除蟲的對二氯苯以及白蟻驅除劑等所引起的致病屋症候群。

致病屋症候群所引起的症狀因人而異，特徵是會在落成或改建後的幾個月內出現症狀。如果以為身體不適只是因為新居入住的精神疲憊所引起而延誤治療的話，會使病情進一步地惡化，所以最好還是及早求助於專門的醫師接受診斷。致病屋症候群會引發中樞神經和自律神經的機能障礙，眼睛的移動或感度以及瞳孔對光的反應會出現異常，因此通常會藉此來進行診斷。另外，要求施工廠商或是衛生局檢測家中的空氣也有助於醫師的診斷。在日本，衛生局就可以提供簡易的免費檢查。

想改善症狀的話，遠離致病原是最好的方法，但為了維持正常的社會生活，很少人能夠離開家庭或學校。這時候，就需要請施工廠商把能夠更換的東西都換掉，甚至加裝換氣系統。要注意的是，全新的家具也會釋放這些致病物質。

藉由運動或入浴來促進排汗都是很有效的治療方法。這些有害物質進入體內後，大部分會變成水溶性物質，因此可以藉由汗水一起排出。另外，醫師也會開立一些補充營養或促進解毒的綜合維他命（如維他命B、C、E等）、綜合礦物質製劑、穀胱甘肽製劑以及牛磺酸製劑等。如果居住環境已經改善的話，身體大概在半年內就可以復原。

此外，有些人對於一般的芳香劑或是香水、煙味等就已經非常地敏感，只要非常微量的化學物質就會引發各式各樣的症狀，而影響正常的社會生活。遇到這種情形時，最好還是求助於身心內科。

致病屋症候群的主要症狀

眼睛不適、喉嚨痛、頭痛、肌肉痛、關節痛、疲勞、倦怠感、流鼻水、流鼻血、呼吸困難、氣喘、注意力不集中、記憶力下降、思考力下降、抑鬱、不安、頭暈、睡眠障礙、噁心、排便異常、皮膚癢、月經週期異常、月經前緊張症等

日本《建築基準法》的規範

設置換氣系統

每兩小時抽換一次空氣

閣樓等處的規範

需使用F★★★以上的建材，以氣密層來分隔起居室並設置排氣設備

內裝材的使用規範

建材標示	甲醛的揮發速度（mg／m²h）	使用規範
F★	0.12～	禁止
F★★	0.02～0.12	樓板面積的三分之一以下
F★★★	0.005～0.02	樓板面積的兩倍以內
F★★★★	～0.005	無限制

12 環境荷爾蒙
內分泌干擾物質

一九九六年，美國的柯爾朋出版了一本書名為《失竊的未來》，為世界帶來了巨大的衝擊。在此之前，人們已經知道若大量攝取化學物質的毒性會造成死亡，長期少量地攝取的話則會致癌；但這本書警告我們即使只攝取非常微量的化學物質，這些物質也可能扮演類似荷爾蒙的角色而造成生殖器官的變異。

在日本曾發現雌性的蚵岩螺因為船底塗料中所含的三丁基錫而長出陰莖；此外，塑膠中所含的成分以及壬基苯酚等合成清潔劑據說也會造成生物的變異。

荷爾蒙是一種進入細胞後會與特定的受體結合以改變細胞作用的物質，男性會長成勇健的體魄、女性會長成柔軟的體型就是因為荷爾蒙的作用。荷爾蒙和受體的關係就像是鑰匙以及鑰匙孔，必須彼此都擁有相對應的特定形狀的才能夠結合在一起。但是如果從外部所吸收的物質和荷爾蒙的形狀相同而插入了鑰匙孔時，就會擾亂生物體內的資訊。像這樣的物質就叫做內分泌干擾物質（環境荷爾蒙）。

日本的環境省在二○○五年時曾經發表一項研究結果，針對了三十六種可疑的化合物進行實驗，但是並沒有發現當中有哪些物質會對生殖能力造成影響。人類和魚貝類不同，擁有發達的自律神經和內分泌系統，即使體內的環境產生一些變化，人體擁有的「恆定性」機制也會維持一定的平衡，所以對環境荷爾蒙具有抵抗力。因此，有些人對於這個議題便認為是大驚小怪。

但是，在我們的身旁有十萬種以上的化學物質，以電腦模擬分子的形狀後發現，其中大概有兩千種左右的物質有可能會是環境荷爾蒙。到目前為止，這些物質的攝取量所造成的影響為何、以及經過幾個世代後會造成什麼樣的後果，其實都還是未知數。

一般人對於環境荷爾蒙雖然不必過於緊張，但是正在養育嬰幼兒或是懷孕的婦女還是要多加注意。大豆中所含的大豆異黃酮是一種植

物雌激素（類似女性荷爾蒙），因此日本厚生省建議孕婦和嬰幼兒對於含有大豆異黃酮的營養補充物應該要控制攝取量。

一九九八年時疑似環境荷爾蒙的例子

蚵岩螺（日本）

根據日本國立環境研究所堀口敏宏的調查，日本沿岸有94處的雌性蚵岩螺長出了陰莖，原因為防止貝類附著的船底塗料（有機錫化合物）。

虹鱒（英國）

雄鱒的精囊萎縮逐漸雌性化，數量也減少。疑似是污水處理場的放流水中所含的界面活性劑壬基苯酚所造成。

鯉魚（日本）

根據橫濱市大井口秦皇教授等人的調查，38尾的雄性鯉魚中有11尾的精囊萎縮。在水質分析中發現了用來做為清潔劑的壬基苯酚等界面活性劑。

海鷗（美國）

美國的五大湖出現母鳥與母鳥共同養育小鳥的異常行為，甲狀腺也出現明顯的異常。一般認為是由DDT或某種多氯聯苯所造成。

海豹（荷蘭）

荷蘭瓦登海的斑點海豹數量快速減少。原因是生殖能力下降以及免疫力下降（容易感染疾病）。懷疑是由於多氯聯苯（PCB）所造成。

青蛙（美國）

明尼蘇達州發現了腳的數目比正常多或少的青蛙。後來在其他地方也發現許多同樣的情形。很可能是蚊子的殺蟲劑等所造成的影響。

鱷魚（美國）

佛羅里達州阿帕卡湖的鱷魚孵化率下降。許多成年鱷魚也因為陰莖萎縮而無法繁殖。可能是DDT等物質所造成。

漆器中的日本人靈魂之色

漆的酵素與分子

　　前幾年，筆者因為懷念小時候的香噴噴蕎麥麵而開始自製手打麵，還特地到舊貨店買木製揉麵大碗，卻遇到一些困擾。揉麵時，麵團水分會滲到碗裡，而無法把麵團揉到適當硬度。後來試著把大碗上漆後發現，不但水不會再滲到碗裡，原本像舊海綿般柔軟的木頭也變硬了，成了一個很不錯的揉麵碗。那時筆者才想到，漆不只是塑膠塗料還是種接著劑。

　　當漆曝露在空氣中時，其中的漆氧化酵素會使稱為漆酚的分子聚合成長鏈狀，讓原本黏稠的漆固化（也就是乾燥）。漆氧化酵素要在適當的溫度和溼度下才能發揮最好的功效，因此漆製品必須放在溼度80%左右的漆室中乾燥。之後，空氣中的氧氣還會隨著時間將長鏈狀分子像架橋一樣綁在一起，使得漆變得更加堅硬。

漆酚的一種

　　日本使用漆的歷史可以回溯到繩文時代，遺跡出土的漆製品幾乎都是紅色，這是將漆精製、濃縮後加入朱砂（辰砂）所製作的高級品，無論數千年前或今日都是使用相同的技術。一直到彌生時代才出現黑色的漆製品，最早被用在儀式等場合，身分高貴者才能取得。中世紀以後，黑色漆器才普及到一般民間，並為了做出更深的黑色而進行各式改良。到了鎌倉時期，製作時會先在漆器的素地塗上加入錫的黑漆，再塗上無數層透明漆以製造出深沉的黑色。

　　由於皮膚碰到漆會過敏起疹，從前的人認為漆裡含有避邪的力量，日本人在這樣的信仰下製作出了深黑和豔紅的漆。黑是暗之色，也是無邊無際的宇宙之色；紅則是象徵生命的太陽之色以及血之色。漆器可說代表了日本人精神性中黑暗與生命的象徵。

第 7 章

機能性
化學

1 可以導電的塑膠

導電性高分子

　　由白川英樹所發現並因而獲得諾貝爾化學獎的導電性高分子已經被應用在許多電子領域上，這種高分子的特徵是碳原子之間會形成共軛雙鍵。所謂的共軛雙鍵，是指碳原子間由單鍵與雙鍵交錯形成的鍵結（參見148頁）。

　　結構最簡單的導電性高分子是由乙炔聚合而成的聚乙炔。乙炔中的碳原子間是以三鍵鍵結在一起，將其中一鍵打斷並與兩側的乙炔分子連接起來，就可以形成單鍵與雙鍵交錯的結構。

　　其中，雙鍵中有一鍵的電子雲會像三明治一樣把碳原子夾住。當共軛雙鍵變長時，這種電子雲就會延伸到原本是單鍵的地方，使得所有的碳原子間都形成了介於單鍵與雙鍵之間的鍵結。也就是說，電子雲會變成把所有的碳原子都包夾起來。如果把碘之類的元素參雜到共軛雙鍵上，附近碳原子的電子雲就會被碘搶走，使得這些碳原子帶正電而形成所謂的電洞。如果這時候加上了電壓，就會使得其他碳原子因電子雲移動到電洞裡而變成帶正電的狀態，這樣一來電洞就產生了「移動」，於是電就可以藉由電洞的移動而導通。這就是由「p型參雜」所形成的電氣傳導。

　　此外，如果是在導電性高分子裡參雜鈉的話，鈉的一個電子會跑到碳原子上使其帶負電，加上電壓後，多出來的電子就會逐一地往旁邊的碳原子移動而導電。這就是所謂的「n型參雜」。

　　導電性高分子有許多種類，目前已經被拿來實際應用在製作電容器等產品。像鋁電解電容器就是把導電性高分子貼附在鋁上面，使得電荷能蓄積在兩者之間，在電腦、數位相機以及手機裡都有用到。另外，在有機EL顯示器裡也必定會用到導電性高分子。

乙炔的加成聚合

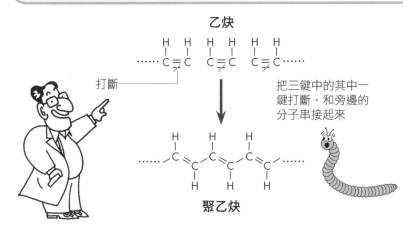

乙炔

打斷

把三鍵中的其中一鍵打斷,和旁邊的分子串接起來

聚乙炔

導電性塑膠的原理

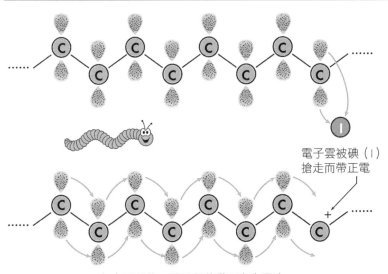

電子雲被碘（I）搶走而帶正電

加上電壓後,電子雲移動而產生電流

2 玻璃的新應用（1）

光纖

　　這幾年來玻璃出現了許多新的應用方式。如圖解一所示，玻璃是由任意排列的矽酸離子（圖解中的原子和氧原子的部分）與陽離子（圖解中的鈉離子）所形成的非晶態（參見14頁）。一般窗戶或瓶子所用的玻璃是所謂的蘇打石灰玻璃，大約占玻璃總用量的90%，成分為65～75%的二氧化矽、10～20%的氧化鈉與5～15%的氧化鈣。當矽酸鹽（譯注：指矽和氧原子所組成的化合物）呈現規則的排列時就會形成岩石裡頭的石英；而若石英形成美麗的結晶就會成為水晶。所以，玻璃其實和石英與水晶很類似。如果想在玻璃上附加上其他機能的話，可以改變玻璃的成分、鍍膜、或是在兩片玻璃間夾入其他物質等等。

　　光纖所使用的超高透明度玻璃是氧化矽中加入了少量氧化鍺的一種石英玻璃。一般玻璃是將原料高溫熔融後所製得，但是光纖用的玻璃必須利用化學氣相沉積法（CVD，chemical vapor deposition）來製造，先以氫氧燄加熱四氯化矽與四氯化鍺，使其成為二氧化矽及二氧化鍺後再沉積在多孔性母材上，然後經過加熱器加熱後，多孔性母材就成了玻璃母材。

　　光纖就是用這種含鍺

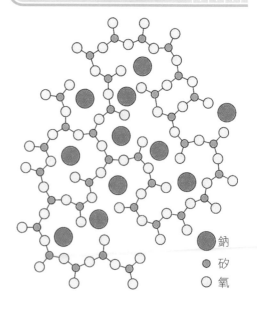

蘇打石灰玻璃的構造

鈉
矽
氧

石英玻璃當做芯材,再包覆上一層皮材玻璃所製成。

　　皮材玻璃使用的通常是純粹由二氧化矽所構成的石英玻璃。進入光纖芯部的光線會在芯材與皮材的介面間不斷地進行全反射,幾乎不會產生衰減的狀況。通常光線在通過普通的窗戶玻璃時,每前進兩公尺就會衰減1%;但即使通過一萬光尺的光纖,光的穿透率還是可以達到95.5%。雖然石英玻璃原本透明度就很高,但是如果要再增加光的穿透率,還必須徹底地去除玻璃中的雜質以及水分才行。

光纖的製造

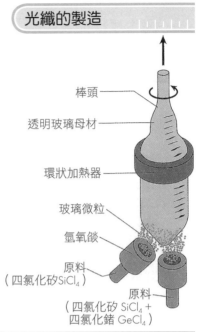

棒頭

透明玻璃母材

環狀加熱器

玻璃微粒

氫氧燄

原料
(四氯化矽 SiCl₄)

原料
(四氯化矽 SiCl₄ +
四氯化鍺 GeCl₄)

光在光纖中的傳輸模態

a)階變折射率多模光纖

皮材

芯材

b)漸變折射率多模光纖

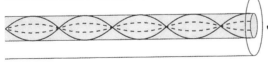

c)單模光纖

3 玻璃的新應用（2）
調光玻璃與導電玻璃

使用熱反射玻璃的建築物

加入不同的物質後便具有阻斷光或熱功能的玻璃，稱為吸光玻璃，可以吸收30～50%的陽光，以提高夏季時冷氣的效率。這些玻璃裡含有二價的鐵離子，可以吸收陽光中的紅外線；除此之外，當中通常還會再加入鈷或鎳，使玻璃呈現出綠色、藍色或古銅色。

至於熱反射玻璃則是在玻璃上鍍上鈦、鉻或不鏽鋼等金屬薄膜來阻斷陽光。由於金屬薄膜會吸收與反射可見光，因此這種玻璃的外觀就像是鏡子一樣。熱反射玻璃可以阻擋25～50%的太陽能量，其鏡面效果也經常被用來美化建築的外觀。

如果想要提高暖氣的效率，則可以使用低輻射玻璃（Low-E）。由於這種玻璃只會反射紅外線、而能讓可見光通過，

因此看起來和一般的玻璃沒有兩樣。低輻射玻璃通常會在金、銀等金屬薄膜間夾入氧化鈦或氧化鋅等氧化物薄膜，藉由這種多層鍍膜的方式來產生干涉效應（譯注：即藉由設計多層折射率高低不同的薄膜，來調配不同波長的光線通過薄膜時的穿透率或反射率）。由於這種玻璃能夠反射溫度與體溫相當的紅外線，冬天時靠近其附近也不會覺得寒冷，因為其防止了室內的能量散失，所以可以降低暖氣的負荷。Low-E玻璃通常還會在兩片玻璃間再夾入乾燥的空氣層，形成複合層構造，以進一步提高隔熱的效果。

　　另外，這幾年來電子產業的進步，大幅提高了可導電透明玻璃的需求。金屬薄膜雖然可導電，但光線會被金屬中的自由電子所吸收或反射而不透明，無法透光。因此，液晶電視、電漿電視或是太陽能電池的玻璃基板上所使用的導電層，都是以含有氧化錫的氧化銦薄膜所製成。這種薄膜稱為ITO（indium-tin-oxide），透明並且具有導電性薄。

低輻射複合層玻璃與透明導電玻璃

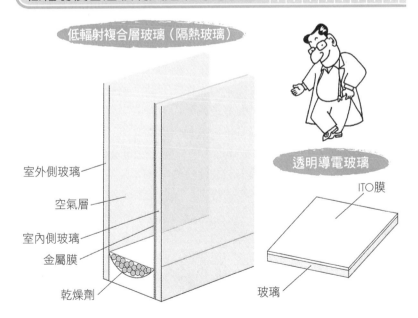

低輻射複合層玻璃（隔熱玻璃）

室外側玻璃
空氣層
室內側玻璃
金屬膜
乾燥劑

透明導電玻璃

ITO膜

玻璃

4 顯示器的進化（1）
從映像管到液晶

　　說到電視螢幕就想到映像管的時代已經過去了，現在薄型的大尺寸螢幕已經非常地普遍。

　　映像管是藉由電子槍所發射的高能電子來使顯示屏的螢光物質發光而產生畫面。螢光物質吸收電子的能量後，環繞著原子核的電子會躍遷到上層軌域，這種情況稱為激發態。當電子隨後回到原本的狀態（基態）時，就會把能量以可見光的形式釋放出來。不同的螢光物質可以發出不同的顏色，所以如果以紅（Red）、綠（Green）、藍（Blue）為一組配置成列陣的話，就可以讓整個螢幕都發出顏色。這三種顏色（RGB）為光的三原色，可以混合出所有的顏色，例如紅光和綠光可以混出黃色。

　　由於映像管中用來照射的電子槍只有一支，必須依序掃描來使螢光物質發光，因此當螢幕很大時，就需要較長的時間來顯示整個畫面，使得螢幕產生閃爍的現象。而愈大型的映像管所需的空間深度也愈大。

　　相較之下，液晶就能夠用來製作薄型的大尺寸螢幕。液晶螢幕的構造如圖解二所示，來自背光源的光會先通過一道偏光板。光波的振動方向與行進的方向垂直，而這道偏光板只允許沿著某特定振動方向的光通過。除此之外，出口處還會有另一片偏光板，其作用恰好與第一片偏光板垂直，因此能夠把通過第一片偏光板的光完全遮斷。

　　液晶是種同時擁有液體與結晶性質的分子，大多呈現細長狀。由於液晶分子喜歡沿著微小的溝槽排列，因此如果把液晶封在含有縱向微溝槽與橫向微溝槽的配向膜之間的話，液晶分子就會形成螺旋狀的排列。而光會沿著液晶分子排列的方向前進，因此當光離開液晶層時就會跟著液晶分子旋轉九十度，而能夠通過出口處的偏光板。如果不想讓光通過的話，只要在液晶上施加電壓改變其分子排列方式，就可以藉由偏光板把光擋掉。

　　液晶顯示器就是在面板上配置了大量的這類電極，藉由控制每個電極電壓的開或關來產生畫面。

映像管的原理

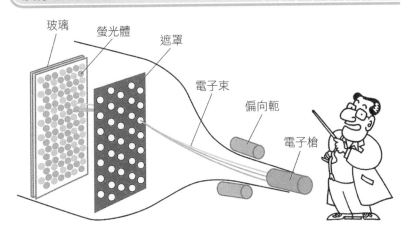

玻璃
螢光體
遮罩
電子束
偏向軛
電子槍

液晶顯示的原理

偏光板
透明電極A
配向膜
施加電壓
液晶分子
配向膜
透明電極A
偏光板
彩色濾光片

電場OFF（明）　　　　　　　　電場ON（暗）

⑤ 顯示器的進化（2）
電漿與有機EL

　　電漿顯示器和液晶一樣，都是薄型的大尺寸顯示器。電漿顯示器是把氖、氙等惰性氣體封進塗有螢光物質的小隔間（稱為「電路胞」）裡，然後加上高電壓來使其發光。

　　在高電壓下，惰性氣體的電子會與原子分離而形成含有自由電子與正離子的電漿。電漿中的高能電子與沒有變成電漿的惰性氣體原子撞擊後，會使得原子中的電子躍遷到激發態，這些激發態電子回到基態時便會放出紫外線，使得螢光物質發出可見光。其運作的原理和螢光燈相同，只是螢光燈用的是會發出白光的螢光物質，而電漿顯示器用的則是會發出紅、綠、藍三原色的螢光物質。簡單來說，把大量的小型三色螢光燈埋到基板上，就可以用來產生畫面。

　　有機EL是一種有潛力能夠製作出更薄型化顯示器的技術，其結構如圖解二所示，為使用兩個電極把三層薄膜夾在中間。這三層薄膜都是固態的有機化合物，可以像塑膠片一樣自由地彎折。

　　其中，電子傳輸層是由n型導電高分子所構成，電子從陰極進入，逐一地傳遞到隔壁的分子上，最後抵達發光層。陽極所使用的則是p型導電高分子，這些電洞傳輸物質會失去電子，而形成帶正電荷的電洞。當隔壁分子的電子填入電洞時，該分子就產生了一個新的電洞，而電洞就以這種方式移動到發光層。這樣一來，發光層的物質分子就會因為擁有來自陰極的電子與來自陽極的電洞而躍遷到激發態，然後電子再填入其本身的電洞而回到基態，並放出可見光。

　　有機EL是「有機電致發光」（Electroluminescence）的縮寫，意思是因為通電而發光的有機物。有機EL有潛力可以製作出如捲軸般的超薄顯示器，由於他不像液晶顯示器一樣需要背光源，因此可望開發出不受限於使用場所的輕薄螢幕，且其發光強度與耐久性也正朝著液晶急起直追中。

電漿顯示器的原理

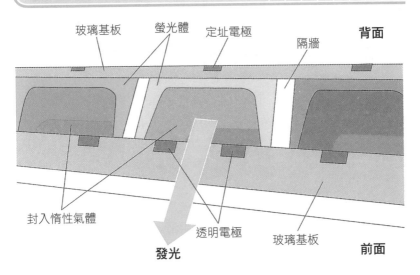

玻璃基板　螢光體　定址電極　　隔牆　　**背面**

封入惰性氣體　　透明電極　　玻璃基板　　**前面**

發光

有機EL顯示器的原理

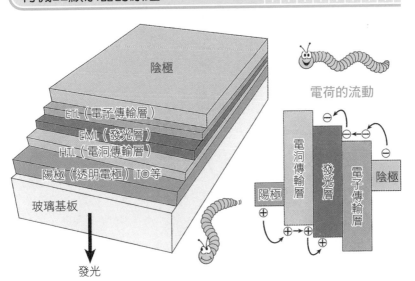

陰極

ETL（電子傳輸層）
EML（發光層）
HTL（電洞傳輸層）
陽極（透明電極）ITO等

玻璃基板

發光

電荷的流動

電洞傳輸層　發光層　電子傳輸層　陰極

陽極

6 從紙尿布到環境保護
高吸水性樹脂

　　紙尿布之所以可以鎖住大量的水分，是因為其中含有高吸水性樹脂，能夠吸收重量達本身數百倍的水分，這些樹脂通常是被加工成微小的顆粒放進紙尿布中。海綿雖然同樣也可以吸水，但是一受到按壓，水就會流出來；而高吸水性樹脂即使受到壓力，水分也不會滲出。也就是說，他會形成像蒟蒻飽含水分般的狀態，所以即使寶寶動來動去，小便也不易滲漏到外面。

　　最具代表性的高吸水性樹脂，是由一種稱為聚丙烯酸鈉的高分子所形成的鬆散網狀交聯結構。這種高分子中到處都是羧酸鈉基團（$-COO^-Na^+$）。其中$-COO^-$帶負電、而Na^+帶正電。

　　由於水分子中的氫原子帶有微弱的正電、氧原子帶有微弱的負電，因此當水跑到聚丙烯酸鈉中時，鈉離子Na^+會被許多的水分子所包圍（氧原子的部分朝向鈉離子）而脫離$-COO^-$，這樣一來聚丙烯酸鈉就會產生許多的$-COO^-$基團，並且這些基團會因帶負電的關係互相排斥而擴張高分子的網狀結構。最後，$-COO^-$也會與水分子中的氫原子形成鍵結，而鎖住大量的水分。

　　高吸水性樹脂的特性可以應用在許多地方，砂漠的綠化就

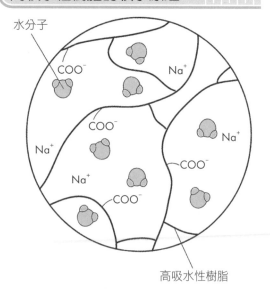

高吸水性樹脂的吸水原理

水分子

COO^-　　Na^+

COO^-　　Na^+

Na^+　　COO^-

Na^+

COO^-

高吸水性樹脂

是其中一例。由於這種樹脂會慢慢地把吸收的水分釋出，因此只要將其混在植物根部的土壤中，就可以在缺水的地區栽培植物，甚至能在乾燥地區栽植蔬菜，只是所需的成本高。

除此之外，這種樹脂也可以用在土木工程上。舊式的隧道裡，混凝土與岩壁間會形成許多的空隙，如果置之不理，可能會在地震時造成隧道崩塌。但如果把水泥與高吸水性樹脂混合後填入這些空隙，就可以增加隧道的強度。

高吸水性樹脂也可以用來收集醫療廢液或是工廠排放的有害廢液，以利後續的廢棄物處理，或是當做芳香劑與除臭劑的吸收體以及保冷劑等。但高吸水性樹脂畢竟是自然界無法分解的塑膠，掩埋之後也不會腐壞。其實，還是以前所使用的布質尿布才是對環境最友善的。

高吸水性樹脂的應用

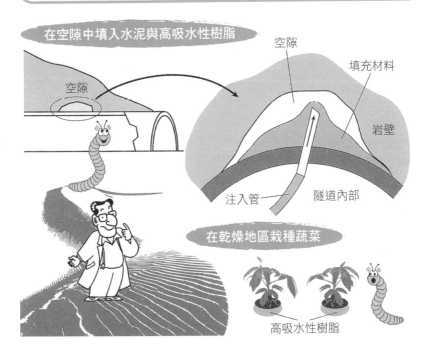

在空隙中填入水泥與高吸水性樹脂

空隙

填充材料

空隙

岩壁

注入管

隧道內部

在乾燥地區栽種蔬菜

高吸水性樹脂

7 環保塑膠
生物可分解性塑膠

塑膠質輕而強韌，不透水，電氣絕緣性又好，因此被廣泛地使用在各種產品上。但是一旦塑膠變成了垃圾，該如何處理就成為讓人頭痛的問題。由於塑膠無法被微生物分解，因此即使埋在土裡也不會腐爛，而燃燒方法不恰當的話，又會產生有毒的戴奧辛。

為了解決這個問題，於是開發出了土中或水中的微生物可以分解的生物可分解性塑膠。這種塑膠可以用微生物或是化學合成方法來生產，聚乳酸就是一種化學合成的生物可分解性塑膠。

聚乳酸的質地堅硬但不耐熱，不過可以藉由與其他的樹脂混合來改善性質。美國的卡吉爾道氏公司在一九九○年代後期開始販售這種塑膠，二○○二年起展開年產量十四萬噸的大量生產，使得其價格降低，而逐漸應用到各式各樣的產品上，像是電腦以及汽車的內裝等等。

以植物為原料的塑膠不只能在自然環境中被分解，也可望抑制二氧化碳的排放量。目前所使用的塑膠是以石油為原料，因此燃燒之後會增加二氧化碳的總量。但是植物原料是從光合作用而來的，因此燃燒之後只是讓二氧化碳再回到空氣中，並不會增加二氧化碳的總量，這就是所謂的碳中和。

如果稍微改變一下看待聚乳酸的角度的話，可以發現植物的角質層裡也含有類似的化合物。也就是說，聚乳酸只是人類重新發現了植物中早就已經存在的物質而已。科學未來的其中一個發展方向，將會是向自然學習、模仿自然的仿生學。聚乳酸就是一個很好的例子。

生物可分解性塑膠雖然有諸多好處，但是如果要提高其普及性，必須再提升其耐熱、耐衝擊、易於印刷以及透氣等各種特性。此外，如果是以澱粉為原料的話，還必須兼顧是否會影響糧食的供應，以及釐清生物可分解性塑膠從生產、流通到消費所耗用的能源，是否真的比石油塑膠的環境負荷更少等問題。

聚乳酸的結構式

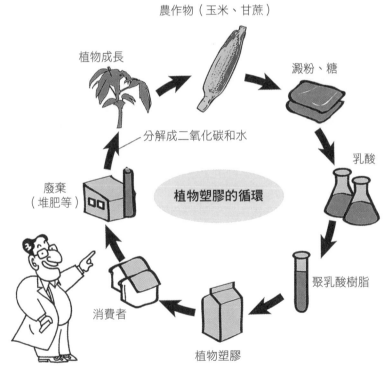

乳酸 　　　　　　　　　聚乳酸

植物塑膠的循環

農作物（玉米、甘蔗）

植物成長

澱粉、糖

分解成二氧化碳和水

乳酸

廢棄
（堆肥等）

植物塑膠的循環

聚乳酸樹脂

消費者

植物塑膠

■**聚乳酸的應用**

> 隨身聽的機殼、乾電池的包裝、衣服、化妝品的透明容器、信封上的透明膠膜、垃圾袋、購物袋、防水袋、農業用膠膜、汽車備胎的塑膠套、汽車的腳踏墊等

169

8 利用光觸媒除污殺菌
光觸媒與二氧化鈦

如果能夠以陽光把水分解成氫氣和氧氣，再把氫氣拿來做為能源的話，就可以不需仰賴化石燃料或核能而得到乾淨的能源。二氧化鈦就曾經為此而備受期待。

如果把二氧化鈦和白金製成一組電極，放進水溶液中以紫外線照射，就可以在二氧化鈦電極處得到氧、在白金電極處得到氫。這種做法是一九六○年代後期由日本人所發現，稱為藤島效應（光解作用）。但是，由於陽光中的紫外線只占了3～4%，而紫外線以外的可見光無法發生這樣的反應，所以這種方法效率很低，至今仍然無法實用化。目前科學家嘗試著利用氮化鎵或氧化鋅，希望能藉此以可見光來分解水，但是阻礙還很多。而所謂的光觸媒，指的就是像二氧化鈦這樣藉由吸收光來加速化學反應的物質。

二氧化鈦用來分解水的效率雖然不佳，但是還有許多其他很好的特性，而且已經能夠實用化。首先是可以用來除污。當二氧化鈦照射紫外線後，部分的電子會從電子軌域中的價帶躍遷到導帶，使得價帶因少了電子而產生帶正電的電洞。這時候如果二氧化鈦上附著了有機物的話，有機物就會被二氧化鈦搶走電子（藉此與二氧化鈦自己的電洞中和）而氧化。

如此一來，只要在隧道裡的照明燈罩上塗上二氧化鈦，就可以使附著其上的油污分解掉。此外由於細菌和病毒也都是有機物，因此二氧化鈦可以將其氧化而達到殺菌的效果，甚至可以分解屍體與毒素。所以，醫院的手術室等處經常會使用混入了二氧化鈦的磁磚。

此外，如果在建築物的外壁鍍上一層二氧化鈦再照射紫外線，就會對水產生極佳的潤濕性。雖然造成如此的機制為何還不是很清楚，但是這種方式已經被實際拿來當做自淨效用的一環。只要在建築物或公路護欄塗上一層二氧化鈦，污垢就會因陽光照射而分解，然後一下雨，水就會進入壁面和污垢之間把污垢去除。

當環境問題愈來愈受到重視，能夠和環境調和、保護環境的化學製品才能成為主流。光觸媒就是一個很好的例子。

藤島效應

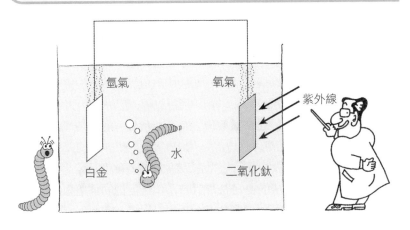

將污垢氧化的機制

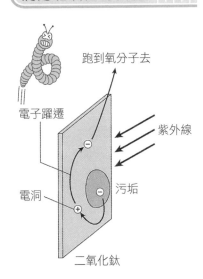

二氧化鈦鍍膜

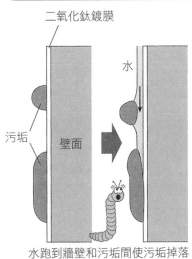

水跑到牆壁和污垢間使污垢掉落

9 脂肪的代謝
降低體脂有特效藥嗎？

很多人都很在意自己的體型，患有代謝症候群的人更是如此。

過胖的人當然應該盡量減少擁有高熱量的脂肪攝取量，但是喜歡油膩食物的人卻往往很難做到這一點。於是就有人開發出不容易轉化為體脂肪的油，這種油在日本被認定為特定保健用食品。

一般食用油的結構是甘油與三個脂肪酸鍵結而成的分子，吃進人體以後通常會在小腸被分解，兩側的脂肪酸被切斷只留下中間的脂肪酸。接著，這種分子被腸壁吸收後，會因為酵素而再次接上兩側的脂肪酸，成為中性脂肪進入到血液中。

那麼所謂不容易成為體脂肪的油又是什麼模樣呢？

這種油裡面有八成的分子都是只有兩個脂肪酸接在甘油的兩側，小腸會把這種油的其中一個脂肪酸切斷後吸收。接著到了「再結合」的階段時，由於作用於這個反應的酵素擁有比較容易讓脂肪酸與甘油兩端形成鍵結的特性，因此脂肪酸難以接到甘油的中間，使得最後所產生接上了三個脂肪酸的中性脂肪的數量，會比一般油脂還要大幅減少。

除了這種油以外，市面上還有一些油會使用碳數較少的脂肪酸，使其較容易在肝臟燃燒，或者是在油中添加抑制膽固醇吸收的成分等。

但是，這些油脂所含的熱量和一般的食用油並無兩樣，因此大量攝取的話還是會讓膽固醇提高以及發胖。如果都已經願意考慮使用這種油來取代一般的油脂，攝取時也還是最好盡量避免過量。

除此之外，秋刀魚或沙丁魚裡頭含有能讓血液清澈的DHA或EPA等脂肪酸，攝取這類的油脂非常重要，只依賴前述那些「有益健康的油」是不行的。

普通的油脂

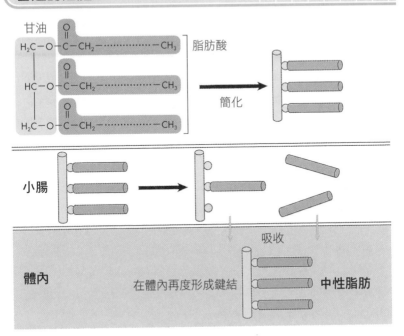

甘油

$H_2C-O-\overset{\overset{O}{\|}}{C}-CH_2-\cdots\cdots\cdots-CH_3$] 脂肪酸

$HC-O-\overset{\overset{O}{\|}}{C}-CH_2-\cdots\cdots\cdots-CH_3$

$H_2C-O-\overset{\overset{O}{\|}}{C}-CH_2-\cdots\cdots\cdots-CH_3$

簡化

小腸

體內　在體內再度形成鍵結　　　吸收　　中性脂肪

不易變成體脂肪的油脂

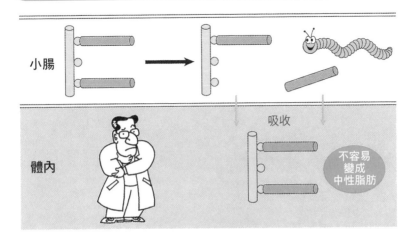

小腸

體內　　吸收　　不容易變成中性脂肪

10 不斷進化的「超鐵」
耐候性鋼、超高強度鋼與超高純度鐵

鐵是一種強韌而容易加工的材料，被廣泛地應用在各式各樣的建築結構、工具以及機械上。對人類文明來說，鐵是最重要的金屬。

但是，鐵也有一些缺點，像是會生鏽。添加了鎳或鉻的不鏽鋼在空氣中雖然不容易生鏽，但是卻不耐海水的鏽蝕，在鹽分的影響下，一個月的時間就足以讓不鏽鋼鏽蝕出孔洞來。

為了解決這個問題，最近出現了一種稱為耐候性鋼的新鋼材。這是在鐵中加入了銅、鉻、磷以及鎳的鋼材，表面會鏽成深褐色，但是不會再繼續往鋼材的內部鏽蝕。以耐候性鋼搭建的橋樑不需要上漆，因此能夠節省維護的費用。日本兵庫縣的灘濱大橋就是以這種鋼材所建成的。

除此之外，還有一種強度超高的超高強度鋼被開發出來。一般鋼鐵裡的結晶大小大約是十幾個微米左右，只要把結晶縮小成原本的十分之一，就可以把強度提高兩倍。如果在製造上使用超高強度鋼的話，車身會變輕而節省燃料費，也可以提高火力發電廠的效率，或是能夠建造出高度達七百公尺以上的超高建築。超高強度鋼的製造是在相較於一般製鐵為低溫的600℃環境下，從上下方把鐵夾碎後所得到。

事實上，日本過去製作武士刀所使用的就是這種方法。打造武士刀時會把取自砂鐵的優質鐵材以炭火加熱，從中對折後敲打使其延展，然後再對折。這樣的程序重覆十五次以後會產生約三萬三千道薄層，這樣一來就能打造出強韌的鐵。

另外，武士刀會把含碳量低（0.2%以下）的軟鐵當做鐵心，然後再用含碳量稍高一些（約0.6%）的硬鐵把鐵心鍛接包覆起來，如此便能打造出既鋒利又不易斷折的刀。這種做法是藉由改變含碳量來製作出表面堅硬、內部柔韌的鐵材，到了現在則是改用稱為「浸碳」的技術來達到效果。

　　舉例來說，汽車引擎中的「活塞環」在與汽缸接觸的表面必須要夠硬，而承受壓力的內部又必須要有彈性。這類零件在製作時會把鐵放到含碳氣體中，使碳進入其表面，這就是所謂的氣體浸碳。不過，由於這種方法較為耗時，因此後來又出現了電漿浸碳等方法。

　　最近出現了一種純度達99.9989%的超高純度鐵，在空氣中可以一直維持銀色而不生鏽，也不溶於鹽酸等強酸。過去我們熟知鐵會生鏽等的特性，其實多半是因為其中摻有雜質而產生的。超高純度鐵除了學術上的價值以外，其在低溫下柔軟易加工，和鉻混合後更可以成為耐熱性絕佳且不易損傷的合金，未來應該能夠產生全新的應用。

　　人類使用鐵的歷史久遠，早在西元前四〇〇〇年埃及古王朝時代的墓室中就已經發現了鐵器。今天的我們對鐵的特性已經非常地了解，但開發出擁有全新性質的鋼鐵等相關研究，仍不斷地進行中。

以耐候性鋼搭建的日本灘濱大橋

社團法人日本橋樑建設協會（取自其網頁）

11 能夠負數噸的超級碳分子
碳原子的奈米技術

　　當碳原子規則地排列在一起時就會形成鑽石或石墨。如右頁圖解一所示，石墨中的碳原子會形成蜂巢狀的片狀結構，其碳原子間的鍵結比鑽石還強，是所有已知物質中最強的。

　　此外石墨與鑽石不同的是，鑽石不導電但石墨能夠導電。碳原子的最外層軌域擁有四個電子，因此鑽石裡的碳原子會形成四個共價鍵。但是，石墨裡的碳原子只會和相鄰的三個碳原子產生鍵結，也就是會多出一個未鍵結的電子。這些未鍵結的電子會散開來把碳原子夾在中間，像自由電子一樣地移動，因此只要加上電壓就可以讓這些電子移動而導電。

　　近年來所發現的富勒烯（譯注：也稱為「足球烯」），其結構是在和石墨一樣的六角形鍵結（六元環）中夾雜著五角形鍵結（五元環），因此會形成足球般的球狀結構。富勒烯的特徵包括：①對生體的機能影響不大；②會形成奈米等級的空間，其中置入氫或金屬元素的話可以產生全新的性質；③依原子的構造不同，會表現出半導體或金屬特性。

　　奈米碳管的結構就像是捲成圓筒狀的石墨，而碳奈米角則是其中一端像牛角一樣封閉起來的結構。由於這些分子全都由強大的鍵結所組成，因此擁有非常高的機械強度（譯注：材料受外力時，單位面積上所能承受的最大負荷）。如果把奈米碳管做成截面 $1\,mm^2$ 的線的話，其負重可以達到好幾噸。

　　奈米碳管和石墨一樣同時擁有半導體和金屬特性，施以高電壓時還會使其尖端產生放電。如果把奈米碳管做成微小的電子槍列陣，讓他們分別放射出電子使螢光物質發光的話，就可以成為顯示器。映像管使用的是單一的電子槍來產生畫面，奈米碳管則是利用大量的電子槍來產生畫面。如果真的實現的話，奈米碳管顯示器將會擁有高速顯示以及超廣視角等液晶顯示器所沒有的性能。

石墨的結構

石墨片

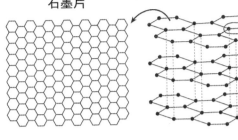

未形成鍵結的電子
雲所存在的範圍

分子間作用力

石墨可以用來製作
鉛筆芯

富勒烯的結構

C$_{60}$

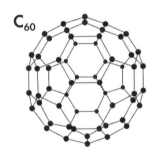

五元環

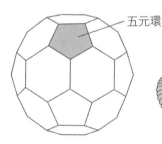

奈米碳管的結構

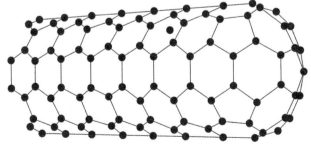

最尖端處通常以
五元環構造做結

12 耐熱達500℃的高溫塑膠

聚醯亞胺與鐵氟龍

　　塑膠可以區分成如聚乙烯般加熱後軟化的熱塑性樹脂、以及加熱後硬化的熱固性樹脂，用來製作水壺把手的酚醛樹脂就屬於後者。不過即使是熱固性樹脂，可耐受的溫度也有限制，當溫度提高到某個程度以後，這些樹脂就會像橡膠一樣軟化，而這個溫度就叫做玻璃轉移溫度。其中酚醛樹脂的玻璃轉移溫度大約是200℃左右。

　　大多數的工程塑膠原料都屬於玻璃轉移溫度高且具備耐衝擊性、耐荷重性與耐藥性的樹脂，其中聚醯亞胺就是一種玻璃轉移溫度非常高的樹脂。聚醯亞胺的種類很多，以均苯四甲酸二酐（PMDA）與4,4-二胺基二苯醚（ODA）聚合而成的PMDA-ODA就具有很好的耐熱性，玻璃轉移溫度可達410℃。這種塑膠即使在400℃下加熱一千小時，重量也只會少掉3%，若只有短時間的話甚至可耐熱到500℃。另外他還具備了耐磨、自我潤滑、不易燒黏等特性，因此被使用在汽車的軸承與傳動零件裡。此外最近許多電器與OA設備的體積愈做愈小，對機器內部零件的耐熱性要求便也愈來愈高，因此聚醯亞胺也被應用在這個領域裡。

　　聚醯亞胺在結構上最大的特徵，就是其分子是由−N（醯亞胺基）這樣的構造把苯環串接起來。

　　用在平底鍋上的氟系樹脂也擁有很好的耐熱性，且親水性佳，不容易與食材產生沾黏。氟系樹脂是結構中含有氟原子的塑膠類別總稱，其中用途最廣的是PTFE（聚四氟乙烯）（譯注：「鐵氟龍」即杜邦公司推出這種材料時所取的商品名）。在製作上，鍍膜時會把PTFE和顏料一起塗佈到平底鍋上，再以370～390℃進行烘烤硬化。PTFE的融點約330℃，但即使融化後黏度也很高而不易流動，因此必須利用這種方式來鍍膜。

　　由於氟系樹脂所具有的特性，因此被廣泛地應用在工業領域方面，像是化學工廠貯槽、運輸容器的耐蝕塗料、以及工業用的過濾器等等。

聚醯亞胺的結構

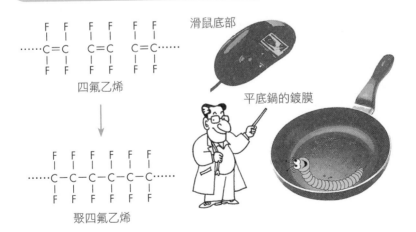

均苯四甲酸二酐

4,4-二胺
基二苯醚

PMDA-ODA

聚合時脫去一個氧原子和兩個氫原子

氟系樹脂

四氟乙烯

滑鼠底部

平底鍋的鍍膜

聚四氟乙烯

索引

國家圖書館出版品預行編目資料

圖解化學 / 山本喜一・藤田勳作；顏誠廷譯. -- 修訂二版. --
臺北市：易博士文化，城邦文化出版：家庭傳媒城邦分公司發行，2019. 12
面； 公分. -- (Knowledge BASE 系列)
譯自：ゼロからのサイエンス　よくわかる化学
ISBN 978-986-480-099-5（平裝）
1. 化學
340
108019921

Knowledge BASE 92

圖解化學【更新版】

原　著　書　名／ゼロからのサイエンス　よくわかる化学
原　出　版　社／日本実業出版社
作　　　　　者／山本喜一・藤田勲
譯　　　　　者／顏誠廷
選　　書　　人／蕭麗媛
責　任　編　輯／蔡曼莉、孫旻璇、林荃瑋

業　務　副　理／羅越華
總　　編　　輯／蕭麗媛
視　覺　總　監／陳栩椿
發　　行　　人／何飛鵬
出　　　　　版／易博士文化
　　　　　　　　城邦文化事業股份有限公司
　　　　　　　　台北市中山區民生東路二段141號2樓
　　　　　　　　電話：(02) 2500-7008　傳真：(02) 2502-7676
　　　　　　　　E-mail：ct_easybooks@hmg.com.tw
發　　　　　行／英屬蓋曼群島商家庭傳媒股份有限公司城邦分公司
　　　　　　　　台北市中山區民生東路二段141號11樓
　　　　　　　　書虫客服服務專線：(02) 2500-7718、2500-7719
　　　　　　　　服務時間：週一至週五上午09:30-12:00；下午13:30-17:00
　　　　　　　　24小時傳真服務：(02) 2500-1990、2500-1991
　　　　　　　　讀者服務信箱：service@readingclub.com.tw
　　　　　　　　劃撥帳號：19863813
　　　　　　　　戶名：書虫股份有限公司
香 港 發 行 所／城邦（香港）出版集團有限公司
　　　　　　　　香港灣仔駱克道193號東超商業中心1樓
　　　　　　　　電話：(852) 2508-6231　傳真：(852) 2578-9337
　　　　　　　　E-mail：hkcite@biznetvigator.com
馬 新 發 行 所／城邦（馬新）出版集團【Cite (M) Sdn Bhd】
　　　　　　　　41, Jalan Radin Anum, Bandar Baru Sri Petaling,
　　　　　　　　57000 Kuala Lumpur, Malaysia
　　　　　　　　電話：(603) 9057-8822　傳真：(603) 9057-6622

美　術　編　輯／林筱菁
封　面　構　成／陳姿秀
製　版　印　刷／卡樂彩色製版印刷有限公司

ZERO KARA NO SCIENCE YOKUWAKARU KAGAKU
©KIICHI YAMAMOTO & ISAO FUJITA 2008
Originally published in Japan in 2008 by NIPPON JITSUGYO PUBLISHING CO., LTD.
Traditionl Chinese translation rights arranged with NIPPON JITSUGYO PUBLISHING CO.,LTD. through
AMANN CO.,LTD.

■ 2010年12月14日初版
■ 2014年06月17日修訂一版
■ 2019年12月17日修訂二版
ISBN 978-986-480-099-5
定價360元　HK $ 120
Printed in Taiwan

城邦讀書花園
www.cite.com.tw